金圣荣◎编著

吃货心理学

舌尖上的心理密码

中国文联出版社
http://www.clapnet.cn

图书在版编目（CIP）数据

吃货心理学 / 金圣荣编著. --北京：中国文联出版社，2019.5
ISBN 978-7-5190-4064-2

Ⅰ.①吃… Ⅱ.①金… Ⅲ.①饮食－应用心理学 Ⅳ.①TS971

中国版本图书馆CIP数据核字(2018)第287178号

吃货心理学

作　　者：金圣荣 编著	
出 版 人：朱　庆	
终 审 人：朱彦玲	复审人：郭　锋
责任编辑：刘　旭	责任校对：王　彦
封面设计：Amber Desgin 琥珀视觉	责任印制：陈　晨

出版发行：中国文联出版社
地　　址：北京市朝阳区农展馆南里10号，100125
电　　话：010-85923043（咨询）85923000（编务）85923020（邮购）
传　　真：010-85923000（总编室），010-85923020（发行部）
网　　址：http://www.clapnet.cn　　http://www.claplus.cn
E - mail：clap@clapnet.cn　　liux@clapnet.cn

印　　刷：天津中印联印务有限公司
装　　订：天津中印联印务有限公司
法律顾问：北京市德鸿律师事务所王振勇律师
本书如有破损、缺页、装订错误，请与本社联系调换

开　　本：710×1000　　1/16
字　　数：240千字　　印　张：15.5
版　　次：2019年5月第1版　　印　次：2019年5月第1次印刷
书　　号：ISBN 978-7-5190-4064-2
定　　价：49.80元

版权所有　翻印必究

你的口味怎样泄露你的内心

王保蘅

心理学上做过一个非常有趣的实验,即把人的性格和口味划分为若干种,口味的偏好便对应着性格的特征。

酸甜苦辣中最具刺激性的口味当属"辣",那么"辣"是否可以影响我们的性格品性呢?国外对此进行了相关研究,实验结果表明,被试者对辣的喜爱程度与其攻击性呈现正相关的趋势。换言之,越喜欢吃辣的人可能会具有更强的攻击性。

川湘渝地区的女生,向来会给人一种泼辣直爽的感觉,"辣妹子"也是因此而来,这种称呼跟国外的这项研究数据似乎非常贴合。那么这些地区的男性会有何种表现呢?是不是比女性更具攻击性呢?从性别认知的角度来看,男性要有阳刚之气,在家庭和学校教育中,他们往往会被灌输强健阳刚的思想;而女性受到的教育观念往往是温婉、贤淑,其攻击性相对男性来讲比较微弱。其实女性的攻击性素来都不高,所以相对男性来说,其攻击性更容易得到提高。

"食辣"体现在女性身上,有时还能做出一定程度上的性格分辨。诸如,"女神"和"女汉子"通过一顿麻辣小龙虾或者油焖大虾就可以简单判断出来,试想一下她们会如何吃虾?是徒手开吃,然后喝着啤酒大呼"够劲";还是小心翼翼带上一次性手套，生怕把油溅到衣服上，扭扭捏捏的一点点儿把虾剥好，慢慢地把虾放进嘴里，然后还要拿纸巾擦掉嘴巴和手上沾到的一丁点儿油，最后温和地朝着周围的人感叹一声说："你们都吃得好快啊！"

同理，我们也可以通过聚会等场合观察他人的点餐习惯，进一步判断出一个人的性格特征和当时的情绪。芝加哥大学心理学家教授约翰·卡斯奥博曾经做过"口味和性格"之间存在怎样联系的实验，经过长期的实验研究和数据分析，他得出的结论是：口味相同的人，性格上也是相似的；口味不同的人，性格上可能是截然相反的。

经过研究发现，大多数偏爱酸涩食物的人有着非常强烈的事业心，他们可以将"严于律己"表现得淋漓尽致。人们可能经常把"尖酸"和"刻薄"联系起来，这并非毫无道理。爱好吃酸的人确实有严格苛刻的一面，他们的人生信条是"克己复礼"，不论是对个人还是他人始终都有着颇高的要求。正因如此他们的性格大多较为孤僻，这给他们的交际带来了很多不便，他们往往过于沉浸在自己的世界里，遇事爱钻牛角尖且与外界缺少沟通和联系，因此他们很难交到知心朋友。

大多数喜欢甜食的人往往乐观开朗，待人温和。他们不仅是自己世界里的小太阳，还总能温暖身边的人，看到他们脸上的笑容，可以让人一整天都心情愉快。但是他们也有一些缺点，随和的性格使得他们倾向于随遇而安，不敢冒险，甚至有些懦弱。

大多数喜欢吃偏苦食物的人性格偏执，有非常强烈的控制欲。他们不懂得换位思考，总想要牵制别人按照自己的想法做事，并且有着强烈的叛逆意识。

嗜辣如命的人大多数具有冒险精神，他们总是热情洋溢、激情澎湃，喜欢探险和尝试新鲜事物进而得到前所未有的快感。他们性格豪爽、耿直、泼辣，遇事善于思考，做事相对有主见，但有时可能会过于自我，鸡蛋里挑骨头，只是这些并不影响人们对他们火辣性格的喜欢。

大多数口味稍微偏咸的人一般比较严厉，而且都是急性子。他们遇事易暴躁，比如过马路等红绿灯、拥挤的人群、堵车都能让他们产生困扰，严重者还会抱怨连连。但是这类人具有极强的社会适应性，他们可以以最快且最佳的状态投入到激烈的竞争中，也能很快适应陌生的环境。换句话说，他们更容易在复杂多变的社会中生存立足。

除此之外，还有一个群体——素食主义者，他们多为性格内敛、安静，喜欢在心中修篱种菊，不喜车马的喧嚣，内心的静谧往往会让他们感到舒适自在。

从心理学史上寻找内心的宁静

金圣荣

吃东西的时候,究竟是嘴巴在动还是胃在叫嚣?或者是出于大脑的意愿?

吃是一种行为,它的动作发起者是人,吃的行为背后蕴藏着诸多心理的奥秘,包括动机、情绪、认知等诸多心理方面,贯穿社会生活的始终。吃,作为生理的需要,同时也为心理的活动提供了能量。

生理和心理本就是密不可分的,一切心理效应皆是以生理为基础的,这个世界,最复杂的"未知事物"除了广袤宇宙便是人心,我们对人心的探索由来已久,在欧洲,从亚里士多德、柏拉图时代或者更早,人们就在研究心理了。我们完全可以说心理学脱胎于哲学,这也造就了心理学的复杂性。1879年,德国构造主义心理学家威廉·冯特在莱比锡大学建立了世界上第一座心理实验室,心理学才开始作为一门学科正式进入人们的视线。

往后不到两百年,心理学伴随着战乱与动荡艰难成长,越来越多的学者开始关注心理学,研究心理学,开始探讨自身的生存。就此出现了诸如精神分析学派、构造主义学派、格式塔心理、行为主义学派、机能主义等多个不同角度对心理进行剖析的学派,并且各个学派都有自己的成就与贡献。

心理作为一门学科,其复杂性在于集中了哲学、社会学、生物学等诸多方面，对于心理学的研究不仅是研究心理的理论效应，分析心理问题的来源，更重要的是对心理问题的治疗。近年来，一些心理学家开始研究人的幸福心理，积极心理学的公开课开始风靡全球。人本主义学家最关注人的意志，临终关怀也成为近年来心理学人性化的发展方向。很多心理学家也不再囿于原有的认识，反而将心理学的视角转向宗教，如佛教等，以此探索更多的心理内容。

西方国家心理学的发展与成长是最快的、也是最好的。曾几何时，我们谈起心理就会避之不及，那时，西方心理学的理论与应用都已经炉火纯青。当我们的认知还停留在"心理有问题等于神经病"的层面时，西方国家的普通人就已经开始主动就诊，向心理咨询寻求治疗了。

事实上，我们每个人都或多或少存在一些心理问题。而心理学绝不仅仅是效应问题，它不是"伪科学"，也不仅是一些书面的理论，它是能够帮助人们走出痛苦的精神力量。

心理学在我国的发展始于1980年。随着心理学在中国的发展，诸多西方心理学书籍被大量翻译，很多心理治疗方法也在改造的基础上被广泛引用，西方心理学量表也变得本土化起来。我国知名大学皆设有心理学课程，因为心理学学科本身性质的复杂性，有些学校将其划分为哲学学院，有些则将其归为社会科学学院。心理咨询也逐步迈入公众视野，一些彼时难以名状的精神和情绪问题也因心理学的介入而逐步清晰起来。

但即便如此，我们对心理学的了解仍然很少。近年来，随着一些网络小说、电视剧的影响，人们对心理学开始熟络起来，更多的原因是我们不得不面对心理问题的存在。其实，心理状态是日常化的，它无处不在。

那么，心理状态的产生是先天的还是后天的呢？吃，作为一种行为又是如何影响心理的呢？或许，心理也在影响着你的胃口、味道甚至口味偏好。《吃货心理学》以吃作为切入点去认识心理学，结合我们日常生活中与吃相关的一切，一层层揭开心理学的神秘面纱。

这或许会是最惬意又最学术的一次交流，让我们伴着与吃货最相关的事情，探讨那些心理学的秘密。

 心理奥秘：美食里面的心理学

被美食牵着鼻子走：嗅觉与心理...2

一份美食，你愿意等待吗？...5

吃货的自信：不吃饭的人哪里有呢？...9

所谓"美食"，你是不是选择了最"美"的食物？...11

如果美食是一种宗教，那你是不是信徒？...14

我们的味觉容易被谁"绑架"呢...16

情绪在左，美食向右...19

童年的味道：精神分析理论的童年经验...22

九型人格——美食中的人格心理学...25

 性格诡异：也许是你吃得不对

记忆中的美食：存于脑海中的感动...30

喜怒无常？大脑缺乏营养了...32
应酬前，先来杯蜂蜜柠檬水吧...35
你知道吗？饥饿竟然是一种情绪...37
孤独盛宴：一个人吃饭，也要满满的仪式感...39
美食诱惑下的"瘾君子"...41
性格重塑之麻辣变形记...44

肥胖心理：为什么越胖的人对美食越有想象力

你知道吗？健康零食竟会让人变懒...48
垃圾食品会"蒙蔽"大脑：总以为没吃饱...52
肥胖人士易对美食形成具体"想象"...54
乐天派：不吃饱怎么有力气减肥呢？...57
吃出的快乐：寂寞、忧愁统统吃掉...60
匪夷所思，饥饿竟然会传染...63
你睡饱了吗？睡眠不足竟是发胖的"敌人"！...66
肥胖偏见：胖子的救赎之路在哪里？...68
你有一份正能量"零食"需要查收...72

味道玄机：潜藏在味蕾边缘的心理秘密

为什么有人偏爱榴梿，有人却认为臭气熏天...78
你是"咸星人"还是"甜星人"...81

喜欢吃辣的人真的存在更强的攻击性吗?...83

你是肉食主义者还是素食主义者?...86

进食也会从众,你的美食偏好可能不是真的!...89

相信你也爱吃:虚假同感偏差效应...92

我以为你爱吃:撕扯不掉的标签...95

为什么越辣越爽:吃辣人群的心理分析...98

心理账户:一道连接心理与行为的桥梁

利他行为——吃甜食的外化表现...102

能"吃苦"的人,普遍心理阴暗...105

爱吃辣的人更愿意寻求刺激...107

苦味会悄悄"夺走"你的幸福感...110

前景理论——美食的"大小"概念...114

美味的主观体验与时间长短的关系...118

越吃越爱吃:狄德罗效应...121

臆想心理:大脑也能烧一桌"满汉全席"

你相信吗,石头也能成为一桌满汉全席!...124

菜名:始于联想,忠于口感...127

你在什么情况下会想要吃火锅?...131

我只想想我不吃:来自吃货的觉悟...133

如影随形的孤独感：美食的治愈力量...136

你是否偏爱某种食物，喜欢了它多久呢？...139

大脑注意到一款美食，到底是有意还是无意？...143

外卖心理：点餐记录暴露了你的性格

坐等外卖时，你的大脑都经历了什么？...148

点外卖时，你喜欢做回头客吗？...152

"门店新客"——每次都这么过瘾！...156

外卖常吃面与粉，心境犹如"九连环"...158

爱吃卤味吗？那你一定是位小公主...162

洋快餐的魅力：一款让你放松身心的美食...165

换一种外卖？小心心情会微调...167

视觉心理：用眼睛"吃"东西的乐趣

你知道吗，观察有机食物会左右道德判断！...172

看一看不要钱，快餐店竟然还有这些"心机"！...174

美食直播为什么这么火：看的不是美食，是寂寞...176

好不好吃先不论，很多时候好看就够了...179

人未开动，手机先"吃"...182

你有没有对一种美食"一见钟情"过？...186

心理波动：你的喜怒哀乐已经被美食掌控了！

吃掉美食背后的文化：集体无意识…190

得寸进尺——"登门槛效应"…192

欲得寸先进尺的"留面子效应"…195

当"头等大事"遇上正事…197

咖啡、甜点：融化的心防…200

不吃也要囤起来：囤积心理…203

越多越好的"阿伦森效应"…206

口腹之欲是否应该感到羞耻…209

拥有健康心理的第一步：接纳自己…212

"吃"也需要动机，你"认识"自己的进食行为吗？…215

吃货心理：吃货成长中的"糖衣"与"炸弹"

人格的发展：自出生之时便在路上了…220

糖豆的"安慰剂"效应…223

生理需求快感的丧失——失眠…226

自我价值：源自婴儿对父母的依赖…228

你的亲子关系有"内疚"存在吗？…230

CHAPTER 01 心理奥秘：美食里面的心理学

　　心理学无处不在，随着人们对心理学研究的深入，心理学被广泛地应用于社会的方方面面，美食也不例外。

　　吃，作为一种本能而存在，婴儿出生的本能就是啼哭和吮吸，啼哭是想要表达，吮吸则是为了生存。在生长的过程中，每天都需要填饱肚子，这样一种古老而具有传承性的本能，又与日渐发育的个体心理有什么关系呢？

　　古今中外，可以吃的东西繁复多样，地上的一棵草、一朵花都可以吃。我们奉为"母亲"的大地，提供了源源不断的食物和水源。不同的地域生长着各具特色的动植物，在开阔眼界的同时，这也丰富了餐桌。从不知甜到制造甜，从不识辣到无辣不欢，从不知酸到爱酸如命……人类经历了悠久的历史，美食也经历了时间的千锤百炼，人类发现了美食，美食也在一步步影响着人类的生理的发展。生理是心理的基础，一旦基础有所改变，心理也会发生相应的变化。

被美食牵着鼻子走：嗅觉与心理

香气于化学而言，其物质形态是气味分子，飘散在空气中，一朵花的芬芳、一杯茶的清香、一只苹果的甜香……气味总是无处不在的，酒香不怕巷子深，是对香气传播的最好诠释。电影《闻香识女人》中阿尔·帕西诺主演了一位在意外爆炸事故中双眼受伤而失明的退伍军人他因为失明而对香气十分敏感，凭着香气，他能说出女人用的香水的牌子，描述出对方的外貌，甚至头发的颜色及五官的细节。

闻到香气产生的感觉我们称之为嗅觉，2004年诺奖得主理查德带给了我们更多有关嗅觉的知识——正常人能分辨上千或者上万种气味。香气作用于鼻黏膜的嗅觉细胞，产生神经冲动经过嗅觉神经，最后到达大脑皮层的边缘系统，就此形成嗅觉。气味由大脑的杏仁核和海马体负责感知，这一部分同样也是大脑中负责处理情绪、记忆与行为的部分，气味可以影响和唤醒记忆，也可以影响情绪和行为。

气味与记忆之间紧密相连。痞子蔡在《第一次亲密接触》里因为百无聊赖的思念在街上闲逛，不知不觉被曾经"黑夜的清冽和白天的明朗的复合香"吸引，"深夜的街道，充斥着这矛盾的香味，我低声呐喊你的名字，哭了起来"，那些过往如同电影般在脑海中段段回放，那个关于"香水雨"的描写至今为人称道。每一款名贵的香水都有它承载的故事与记忆，香水也因为记忆而变得更加唯美，其实任何高端消费品都是在卖故事。对于很多人来说，花露水的味道是夏天，烤地瓜的味道是童年，青草的气息是美好，栀子花的香气是青春……可能闻到一杯香芋奶茶，就会忍不住想起初恋；闻到一杯十年陈酿，就会忍不住想起挚友；而闻到刚出锅的饺子，则往往会忍不住想起家人。

基于香气、记忆和大脑的复杂关系，心理咨询师也将芳香疗法引入了心理治疗。芳香疗法是指用植物的纯净精油来辅助治疗，称之为"芳香SPA"，西方有些国家已经把芳香疗法纳入了常规医学疗法中。简单而言，香气进入大脑皮层的边缘系统后，在自主神经系统及内分泌系统的作用下，会与记忆产生部分融合，就此带来行为上的高兴或者悲伤。诸如杏仁香会让人愉快，紫罗兰会让人舒适，水仙花香气可以消除疲劳。

芳香对生理和心理也确实产生了影响。芳香物质作用于脑电波：薄荷香、檀香、薰衣草香、桉树精油容易激起影响人思考与学习的α波的活跃性，而茉莉香气会提高影响人忙碌紧张状态的β波的活跃性。芳香物质作用于心率：柠檬香味会减慢心率，而玫瑰香气会加快心率，所以用玫瑰花告白的成功率比较大。实验证明，茉莉花香可以提高打字员的效率，芳香物质如肉桂、柠檬还可以缓解抑郁，而橙花黄菊则可以促进睡眠。要缓解紧张不妨来杯柠檬水，不淡定的时候可以来点薰衣草蛋糕，太困了可以喝点茉莉花茶。当然，不论清醒与否，芳香物质的作用都是存在的。

在治疗创伤后应激障碍（PTSD）的疗法中，心理医生习惯运用暴露疗法。当下，VR疗法，可以利用科技手段进行场景重现，参与到个人经历中去，运用视觉、听觉、嗅觉的感官体验来缓解PTSD患者的焦虑、紧张和失眠的症状。佛罗里达州患有创伤后应激障碍的军人已经进行了体验，过程中的参与人员还会被鼓励回忆战争中的气味，电脑软件通过一个生成气味的设备，一点点地在体验者鼻子旁边散发，包括烧焦的皮肉和火药味等，通过不断地刺激和模拟，直到他们失去情感的冲击。创伤后应激障碍能让人情感衰弱，而嗅觉与记忆的不断作用能够唤醒他们最强烈最具情感的记忆，并使之在习惯的驱使下变得不那么强烈。

"鼻不知香臭曰痈"，如果嗅觉出了问题，那将会是一种很糟糕的体验。闻不到就体验不到香气的美好，闻不到也无法区分有害气体甚至无法借以逃生。除了鼻腔病变的原因，还有可能是精神疾病的前兆，科学表明，除了脑外伤，帕金森综合征或者阿尔希海默症的前期往往也会出现嗅觉障碍。

  气味自古还是一种语言，一种判断敌友的方式。我们常说"我嗅到了危险"、"我嗅到了恋爱的酸腐气息"，人们还说"臭味相投"，将人以群分用气味比喻了出来。吃货们很容易在弥漫香气的街角与美食或者某个人相遇。

💡 一份美食,你愿意等待吗?

美国斯坦福大学心理学教授沃尔特·米歇尔曾经设计过一个著名的关于"延迟满足"的实验,被实验者是一群孩子,在实验中孩子们会得到一些糖果,孩子们可以选择立马吃掉,也可以选择等待十五分钟获得更多的糖果,如果坚持不到十五分钟可以立刻叫停,实验人员依然会把糖果给到这个孩子。实验结果表明,只有不到三分之一的孩子可以坚持到最后获得更多的奖励,大部分孩子选择的是中途放弃,还有极少一部分孩子选择立马得到。米歇尔继续追踪他们的成长轨迹,当年马上吃糖的孩子成年后很容易出现行为问题。他还发现,延迟满足存在一定的遗传因素。现有的结论已经得到了众多的认可,米歇尔也一直在试图深化对延迟满足的研究。

面对各种各样的选择和困境,我们越来越多地需要延时满足才能获得自己最想要的结果。心理学领域也研究了延时满足的心理机制以便我们能够更好地认识自己。

延迟满足一般与个体的认知、语言、情绪和个性特征有关。

认知首先是注意力的发展,自我控制的发展和成熟离不开注意机制的发展成熟,研究中发现,人们在没有奖励物或者未注意到奖励物的情况下,延迟满足的时间往往比较长,而当人们注意到奖励物后,延迟满足往往不容易成功。米歇尔将注意的调配对于延迟满足的影响用冷系统和热系统来表示:"冷"系统代表认知和中性情绪的策略性的注意调配,孩子容易分心就是这样一种情况,一般能够延长延时满足；"热"系统是容易被刺激触发的，以情绪为基础的策略性注意调配，主要表现在孩子将注意力集中在糖果上，这时候会缩短延迟满足。"热"系统在人们出生时就占据主导地位，随着人们的不断成长，心理也在慢慢发展，"冷"系统渐次出现并发挥作用。

其次是思维能力的发展，研究者将奖励物放在被试的视线范围内，引导被试思考奖励物，一般而言，对奖励物进行思考的被试坚持不足五分钟。另一组被试虽然也能看到奖励物，但是研究者会引导他们去思考一些其他的有趣的事情，这一组延迟满足的时间往往能达到十分钟左右。

最后，抽象认知能力也会影响延迟满足，暴露在以实物奖励呈现的情境下会比以幻灯片呈现的奖励更难以坚持延迟满足。

孩子在成长发育的过程中会慢慢形成自己的元认知策略。米歇尔曾经对学前乃至小学六年级的学生进行延迟策略的测试，研究结果发现：四岁的孩子会采取一些延迟效果比较低的策略，他们的自我控制能力也比较低；五岁的孩子会理解延迟满足比较有效的策略，即不去注意奖赏物和分散注意力；小学三年级的孩子已经能够形成较为成熟的延迟满足策略；小学六年级的孩子们能够学会使用抽象转换的策略来达到延迟满足。

语言是我们交流沟通的重要工具，语言的发展也会影响延迟满足。研究发现，两岁的孩子在延迟满足的实验中往往喜欢自言自语，这种行为也是为了达到延迟满足所采用的一种策略。

苏联心理学家维果茨基认为，孩子在解决问题时常常选择自言自语的方式来指导自身的行为，并最终解决问题。他的看法得到了实验研究的支持——四岁到十岁的孩子自我语言发展较为明显，随着孩子长大，自我语言这种外部语言逐渐转变为内部语言用以解决问题。儿童自我语言的运用能够有效地预测和调控行为。苏联神经心理学创始人亚历山大·鲁里亚提出，语言中的语义对于孩子的行为也具有一定的调节作用，他将语言在儿童社会化过程中的发展分为三个阶段：一岁半到三岁的儿童，行为会受到成人外部语言的控制，成人的语言仅具有启动功能，在这一阶段，语义的作用不够明显；三岁到五岁的儿童，能够听从成人的外部语言进行行为的启动或者抑制，儿童自己的语言只具有启动功能，这一阶段语义开始发展；五岁左右，孩子自己的语言已经具有指导作用，也是在这一阶段，外部语言开始转向内部语言。

任何事情的发生，都会在一定程度上触发人们情绪的反应。受到情绪的影响，人们会对目标产生相应的调节。研究发现，积极的情绪往往能够延长人们延迟满足的时间，消极的情绪状态则不利于延迟满足。

延迟满足的长短是因人而异的，米歇尔延迟满足实验进行的追踪报告显示，每个孩子长大之后都展现出了不同的个性特征，而这些个性特征也与延迟满足存在一定的联系。

一个资深吃货是愿意花时间等待美食的，就好像祖先狩猎一样，为了获得更大的目标，得到更好的享受，就会有目的的克制自己的欲望，这是技能提升和意志力增强的过程。米歇尔的实验同样表明，延迟满足能力强的人，具有较强的社会竞争力、较高的工作效率和自信心，能更好地应付生活和工作中遇到的各种挫折，善于等待并且更易获得成功。巴尔扎克曾经说过"善于等待的人，一切都会及时到来。"

绝大多数人的痛苦普遍是因为太过在意即时满足。付出若是没有及时得到回报，就会特别痛苦，人总会选择先做自己喜欢的、比较简单的事，不喜欢的、难度较高的就习惯拖延。延迟满足是今日头条CEO张一鸣最看重的特质，他曾说过，如果公司不急于赚钱，而是烧钱赚客户，那公司的规模一定会越来越大。阿里巴巴是同期互联网公司中最晚追求利益的，2014才在纽交所上市，但刚刚上市其市值便超过了2000亿美元，现在是最赚钱的互联网公司之一。不仅如此，马云现在依然在用"红包"的方式来套牢我们的钱包。钱钟书先生在《围城》中有一段话类似于现在一句很经典的话"我有两个消息，一个好消息，一个坏消息，你想先听哪个？"，书中是这样写的："有一堆葡萄，乐观主义者必是从最坏的一个葡萄开始吃，一直吃到最好的一个葡萄，把希望永远留在前头；悲观主义者则相反，越吃葡萄越坏，吃到绝望为止。"同样是"吃"，吃货们经过漫长的等待，对美食的感触也会非同一般。

"衣食足而知荣辱,仓廪实而知礼节",自远古时期以来,"吃"就占据着人类生活中相当重要的部分,更是人类最基本的需求之一。婴儿刚刚降生只会吃,这大概也是他唯一的需求与技能。"吃"也是生存的一部分,有时候不必太过介怀你花在"吃"上的时间过多。

吃货的自信：不吃饭的人哪里有呢？

神经性厌食患者一开始也是正常饮食的，因为受到越来越多"以瘦为美"的观念的影响，就此想通过节食来达到减轻体重的效果，久而久之便致使内分泌失调、神经系统出现异常，从而造成进食困难，等到回心转意，却也只能望"食"兴叹。

《鲁豫有约》中曾经采访过几个姑娘，吃还是不吃，是她们的困扰。其中21岁，身高一米六八的妮妮的体重只有35kg，比正常标准的54kg低了20多公斤，曾经喜欢唱歌的她已经没有力气唱了。妮妮自述在班级里的极度不自信、不合群，这让她下定决心从外貌上改变自己，从一开始的少吃到间隔着吃，最极端的时候一天只吃一个苹果，几乎要崩溃，忍到极致的时候就大吃特吃，吃完又后悔，然后去吐掉……节食像梦魇一般周而复始地折磨着她，她甚至想到了自杀。糖分、脂肪、卡路里，我们正常饮食摄入的一切，她都避之不及。渐渐的，她不再有正常的作息，皮肤也变得不健康，甚至闭经。鲁豫问她"在乎吗"，妮妮说"不，当时心里只想瘦"。这种极度不健康的"瘦"的思想致使她不得不退学，甚至无法维持正常生活。其实不仅是妮妮，很多模特大概都会有类似的经历。在神经性厌食症患者的眼里，除了瘦，他们别无所求。一旦觉得自己即将丧失这种优势，就会痛不欲生。

和神经性厌食症对应的是暴食症，两者都是因为害怕肥胖而引起的饮食行为障碍。暴食症的患者不是节食而是狂吃，常常在独处或者深夜的时候吃到腹胀，虽然得到了满足，对于"瘦"的追求却会令他产生强烈的负罪感，于是便会采用各种方法（剧烈运动、催吐、泻药）来清除吃进去的食物，以达到一种心理上的平衡。神经性暴食症患者经常陷入"吃——吐"的恶性循环，体重一般会处在正常值范围内，但诱吐会对口腔食管造成损伤，药物也会破坏体内酸碱平衡。心理学家戏言这种情况是"大脑认为你中毒了"。然而，外在作用的催吐会在一定程度上影响大脑的判断机制。暴饮暴食往往还会伴随极度不自信，甚至诱发抑郁症和躁狂症等心理疾病。

"吃"的本质意义在于生存，如果没有了生存，美丽的意义将依附什么而存在呢？有些人喜欢吃甜食，尤其是不开心的时候。当人们心情低落之时，身体也会受心情影响而缺乏营养，这时候脑部最需要的就是糖分，甜食中的糖分与人体接触后会产生大量的多巴胺，能够刺激神经，让人处于亢奋状态，从而舒缓紧张情绪。可见，进食不仅是为了果腹，还起着调控情绪的作用。

"吃"是相当重要的，人人都会吃东西，只有吃货最懂"吃"。资深的吃货从来不是毫无节制地暴饮暴食，而是有目的的追求美食和营养，吃货总是挑剔的，这种挑剔挑剔有时候会达到吹毛求疵的地步，所以，完全不用担心一个吃货会得厌食症。

吃苦、吃亏、吃药，都是要"吃"的，与"病态进食"的自卑不同，吃货爱吃，而且吃的很有自信。吃货的信条：自信和美丽是吃出来的。我们看一个人首先要看他的外貌，也就是"好看的皮囊"，其次才是"有趣的灵魂"。而好看的外貌也是吃出来的，吃得健康，膳食均衡，那么给人的感觉必然是很精神的。美国心理学家夏乌斯博士在《饮食·犯罪·不正当行为》中证明调节食物营养组成能够在一定程度上改变犯罪人群的性格。所以，孩子从小缺乏DHA（俗称"脑黄金"）就会影响脑部神经的发育，进而影响个体和心理的发育，这也是现在很多知名奶粉品牌越来越注重脑部营养的原因。

💡 所谓"美食",你是不是选择了最"美"的食物?

第一印象又叫首因效应、首次效应、优先效应,首因效应由美国社会心理学家罗钦斯于1957年首次提出,是指交往双方形成的第一印象对后期交往关系的影响,强调的是个体在社会认知过程中,"先入为主"带来的效果。一位心理学家曾经做过这样的实验:他让两个学生都做对三十道题的一半,让学生甲做对的题目集中出现在前半部分,学生乙做对的题目集中出现在后半部分,然后让被试对两个学生进行评价,比较之下发现:多数被试认为学生甲更聪明。第一印象并非总是正确的,却是最牢固的。如果第一印象是肯定,就像初次见面留下了很好的影响,那么后期的评价就会偏向于美好,并会影响人们对他一系列行为的解释;如果第一印象是否定的,如初次见面就引起反感,那么后期的评价就会偏向于厌恶,人们就会对之很冷淡,甚至在心理和实际行为中产生对抗的状态。

罗钦斯同时提出了近因效应,近因效应是指人们在对一些事物的认识中,对末尾部分的记忆效果要好于前面和中间部分的现象。信息中间间隔时间越长,近因效应就越明显,原因在于前面得到的信息在记忆中因为记忆本身的属性而变得模糊,而后面的信息因为刚刚接触在记忆中的作用显得明显。也就是说,当多种事物一同出现,印象的形成主要取决于后来出现的事物。这也是其与首因效应的差别所在。很多情况下,人们往往对近因效应缺乏认识以致处事虎头蛇尾,当然这也与个体在整件事情中的自我损耗有关,研究发现,人们在前期投入的意志力越多,后期能投入的意志力就会越少。近因效应的积极意义在于可以利用最近的良好印象去冲淡之前的不好的印象。在日常生活中，朋友之间冷战，一方首先道歉，往往会赢得另一方更多的亲密与友好。放在美食上来说，如果饭桌上陆续上了几十道道菜，饭后回想，能记住的似乎也就只有后面尝的几道菜的味道。如果一家餐厅一向很受欢迎，你也常去，最近一次侍者的服务态度却极其恶劣，那么你对这家餐厅的好感势必会急剧下降，过往那些干净整洁的优点甚至都会被忽略，以致往后的就餐次数减少，甚至不再光顾。

若说起第一印象对于美食的影响，认知应该是这样的：一款食物是好看的，那必然是好吃的，这是一种心理定式。例如一位食客非常喜欢甜品，她还关注了某家蛋糕店的公众号，每天刷一刷朋友圈，看看蛋糕店是否上了新品，像百香果菠萝蓝莓慕斯、树莓芝士蛋糕、三月弥生、松子海苔芝士蛋糕等等，只要有好看的蛋糕甜点她都会去试一试，一来二去，成了那家蛋糕店的常客。"玉盘珍羞直万钱"，一份美食不但外观要美，盛放的器物和用餐的环境也要美。古人颇得此中真趣，刘伶宴饮于竹林，葡萄美酒要配夜光杯。精心制作当然需要"高配"，北欧创意几何盘、日式和风寿司盘等眼花缭乱的食器，柔美灯光、舒缓音乐、有趣的装潢，这些都是美食的加分项。同一款美食，环境好、食器好看的那款往往更加受人青睐。

脏乱差的环境是真的影响胃口，实际上，简单的环境对垂涎美食的吃货来说就已经心满意足了。访一道名吃，不必非在繁华之间，它可能只是狭长小路上的路边摊，借以维持着几乎失传的手艺。在铺天盖地的"美食节"中，那些简陋的帐篷一撑，没有座位，只好边逛边吃，也能吃的心满意足，要的就是这种氛围。

一款食物好看，其制作者必然投入了大量的时间、精力和诚意，没有人喜欢不完美的作品，尤其制作者更加喜欢精益求精。从这个角度来看，好看的确实是好吃的。再者，食物的颜色往往代表着食物的口感，这也是一种心理定式。一盘颜色红艳的菜，会给人带来辣味的口感认知；一碗清汤寡水的面，却会给人一种寡淡无味的口感认知。

当然，美食界也存在"徒有其表"的食物，直令吃货们感叹浪费了好看的外观。

那么，卖相不佳的食物是否真的不好吃呢？这也未必就像榴梿和臭豆腐，它们可谓美食界的异类，别的食物都是闻着香吃着也香，它们却是闻着臭吃着香。同理，如果一直以貌取"食"，说不定会错过很多上佳的食物。东北菜一向不拘小节，东北乱炖、白肉血肠好吃不好看，忠实粉丝们早就习惯了。说起来，河南胡辣汤倒很委屈。《舌尖上的中国》总导演陈晓卿就曾说过，无论怎么拍，胡辣汤都是黏糊糊的不上相，当时甚至试过把摄像机埋在胡辣汤汤底，却依旧没有多大改观。但是有幸尝过的人都知道，其味道值得称赞，且满满的都是内涵。有一类菜比较极端，其菜名总令人没有胃口；还有一类菜因食材太特殊，怎么都拯救不了它的丑，如毛鸡蛋、猴脑、狼蛛。

大自然中到处都是食材，我们见多了常规食物，当遇到一些近乎恐怖的菜肴时，比如蛇，多数情况下会望而却步，这源于经验积累的刻板印象。它可以通过直接经验获得，像"一朝被蛇咬十年怕井绳"，也可以通过间接方式获得，像"谈虎色变"。这种现象的积极层面是可以对某人或某事在一定范围内进行判断，简化了认知过程，节省了大量的时间和精力。弊端则是很容易受先入为主的经验的影响，以致形成错误或偏颇的判断，进而忽略个体或者事物的差异性，南方人都爱吃米饭，若是遇见爱吃面食的就会觉得奇怪，因为不合常理。就像食物，想到就害怕又怎么敢吃呢？说到底，还是食物的"面貌"影响了我们的认知心理，进而影响了之后的进食行为。

人们对食物的需求不仅仅是充饥、营养、好吃，还需要它具有更多的美感，以满足心理上的享受。俄罗斯作家车尔尼雪夫斯基说过"美即是生活"。中国人对饮食的审美除了包含外形、食器、饮食环境，还有食物的香味名音。人们常说慕名而来，有时候吃一道美食也是慕名而吃。赵丽蓉老师的小品《打工奇遇》里讽刺了黑心商家，不过"群英荟萃""琼浆玉液酒"等菜名确实很有意思。美好的东西，代表着美好的寓意，自然造就美好的体验。

💡 如果美食是一种宗教,那你是不是信徒?

吃货们追逐美食"刺激"的心理,通常是普通食客所不能理解的。著名精神分析学派创始人西格蒙德·弗洛伊德提出的本能理论或许可以解释这一点。弗洛伊德认为,在心理中建立一种本能论是非常必要的,本能是一种通过外在行为表现的倾向,不仅是生物的更是人的本能,这种本能介于生物学与心理学之间。本能是一种冲动,它产生于内部被释放到身体各部分的"力",具有一定的开放性,同时还具备遗传性的特征。反射弧也源自本能,本能本身或者本能中的一部分是由于刺激的多重影响而造成的。弗洛伊德还认为,本能体现着生物的固有惰性,而本能也是生物得以生存发展的基础。概括而言,弗洛伊德认为本能是人的内在的一种永恒的动力,本能能够被历史选择遗传,且主要来源于内部的需求,尤其是性欲。

弗洛伊德将原始本能分为生本能和性本能。站在生物学的角度,弗洛伊德发现了生物的本能——食与色,食色,性也,这两种本能是生物最基本的欲求。生本能是生物本身就具有的一种求生欲望,表现为生物从外界获取食物或者养料的一种先天倾向。性本能是生物所具有的自我保存和延续的需要。生本能和性本能是两种不同起源的本能,生本能更为务实,性本能则可以升华。性本能可以通过其他方式去满足,以"快乐"为基本原则,可以长久地存在,同时,性本能能够意识到这样的危险性,于是它会被压抑,就此进入潜意识。后来,弗洛伊德提出生本能与性本能虽然拥有并不相同的来源和表现,但目的一致,都是为了生存,所以二者统一划分为生存本能。

弗洛伊德经历过第一次世界大战的残酷，见证过无数的死亡与毁坏，他认为人类的存在除了生存的本能，还有一种不可忽视地对外界或者自身进行破坏的本能，即死亡本能。

生存本能和死亡本能是对立存在的本能，生存本能是为了更好地生存，它追求的是更加美好的生活，而死亡本能则是一种破坏性、毁灭性的内部力量。弗洛伊德认为死亡本能是生存本能的另一种表现形式，死亡本能旨在将生命本身倒退回原本最初的形式。生命的诞生是偶然的，生命的死亡却是必然的。死亡本能分为不同的表现形式，向外是攻击侵略，向内是针对自己的怨恨惩罚，两种形式可以相互转化。蹦极、攀岩这种极限运动就是死亡本能的一种外在表现。

在弗洛伊德看来，主体的欲望就是精神和肉体的本能，而人的本能最初始的就是性欲，所有本能聚集在一起就像一口沸腾的锅。人的行为会受到各式各样的制约，一开始，他认为本能的原则是"快乐"，之后修正为强迫性重复，强迫重复是要求回到过去的状态，它比"快乐"拥有更基本、更符合本能的特性。

生本能是指寻求生存和性欲，死本能则是毁坏秩序，打破现状，但这并非是将个体导向死亡，而是导向对世俗的超越。我们一开始对食物的认知就是填饱肚子，饥饿是对食物的欲求，这是生的本能。基于生的本能，我们寻求一切外部刺激，包括任何冒险心理和行为，这些都源于死本能。富有冒险精神的吃货们在日常生活中更喜欢追求新奇的事物，他们不喜欢一成不变，不喜欢墨守成规，看起来"喜新厌旧"，实则极富深情，钟爱美食是一生的事情，就像教徒怀揣信仰一般，而尝试不同美食便是他们永远的乐趣。

我们的味觉容易被谁"绑架"呢

我们把食物吃到嘴里通过感受系统产生的感觉称之为味觉，甜、酸、苦、咸是最基本的四种味觉，我们一日三餐尝到的食物都是这四种味觉的混合。味蕾大约有9000个感觉接收器，舌头的不同部位掌管着这四种基本味觉刺激的感受性。仔细体会一道美食，你会发现，舌尖部位对甜的感知最强、舌边后部对酸的感知最敏感、对咸味感知最敏感的是舌边前部、舌根则对苦最敏感。就感知速度而言，咸味是人们最快能感觉到的，苦味则是感知最慢的味道。

酸、甜、苦、辣、咸都有了，怎么能少得了辣呢？全国三分之一以上的人都喜欢吃辣，有些人更是到了一日三餐无辣不欢的地步，在寻求刺激感的方面，辣还是很受欢迎的，这归因于味觉的生理基础。科学家研究发现，食物进入口腔，味觉感受器接收到食物中酸、甜、苦、辣的刺激，随后神经系统将这种刺激传到味觉中枢，再由大脑综合神经系统将这种刺激进行分析，从而产生味觉。辣味主要来自辣椒、胡椒、姜等，它会激活神经中的辣椒素受体TRPV1和痛觉受体TRPA1，通过与味觉感受器无关的神经传递到大脑，唤醒热和痛的感觉，而手、眼睛、鼻子都能感受到相类似的感觉，就像切洋葱时眼睛会流泪。所以，辣并不是一种味道，而是痛觉和热觉。吃辣后，身体会分泌内源性阿片肽，这是一种能够令人产生的愉悦感（辣椒素快感）的物质，可以有效缓解辣给身体带来的痛觉。而这种愉悦感却会让人沉迷，促使人们沉溺于一定程度的辣刺激之中，是一种痛并快乐的存在。

食物的温度、水溶性、气味的相互作用都会影响味觉。味觉最合适的感受温度是30℃左右，过高或者过低的温度都会使味觉变得迟钝，一碗汤很烫，即便再甜，食用者也很难感受完全，雪糕在冷冻状态下很甜，说明它本身含糖量会更高。对于物质的水溶性来说，一般呈现苦味的物质的水溶性比呈现酸、甜、咸的物质的水溶性更低，所以味觉对苦味的感觉会很慢，消退也是很慢的。另外，味道混合后会产生相互作用，某种味道或许会特别突出，也或许会相对减弱，还可能会发生其他改变，如刷牙后吃东西会感觉到酸。长期接受一种味觉刺激，也会造成感受性降低，吃完糖再去吃苹果往往感受不到苹果本身的味道。

除此之外，味觉体验在很大程度上会依赖于视觉、嗅觉和听觉，心理学将这种多种感觉之间的相互作用称之为联觉。联觉源于希腊语，意思是感觉的联合，色彩可以听，音符也会触发味觉，研究发现，联觉者在自身联觉所相关的领域中表现的更为突出，其记忆力往往也更加突出。

味觉只能分辨简单的酸、甜、苦、咸，而人类主题却能分辨更多的味道，这得益于嗅觉的存在。我们感冒的时候，嗅觉的感受性会降低，往往也会觉得食之乏味。而要喝很苦的东西时，我们会捏着鼻子咽下去，这对减轻味觉对苦味的感觉存在一定的效用，喝的刹那没什么味道，只是苦味回味无穷。口鼻相通，呼吸同气，脑成像也证明了嗅觉与味觉的不可分割关系，从生理的角度来讲，嗅觉其实是味觉的一部分。我们闻到气味便会影响味觉，刚出炉的面包香味会让我们产生愉悦感，增加饥饿度，唾液和胰岛素分泌会增加，而清新的气味则可能会增加饱腹感，减少食欲。

视觉对味觉的影响也是难以忽略的，视觉对味觉的刺激一般来源于色彩方面，色彩可以听，也可以吃。对食物的选择，我们一般偏好红色、黄色、绿色和白色，红色往往能增进食欲，会给味觉带来辣的认知；黄色代表快乐，人们也会下意识地认为黄色是甜的；绿色代表健康，果蔬等绿色食品会更受青睐；白色看起来很空，能让人瞬间忘记它所含的热量，例如米饭和馒头。橙色和蓝色比较不受待见，一般来说，蓝色饮料总能降低我们的购买欲。有研究表明，当我们能看到食物的颜色时，也能准确的辨别它们的味道，反之，则可能会判断失误。餐厅的布置也巧妙地将色彩融合其中，暖色调的餐厅往往让人心情愉悦，食欲大增。色彩的暗示心理也被越来越多的应用于食品的包装之上，而色彩则从视觉上给味觉带来了重量、情感和温度的判断，不同口味的小食品一般也会用不同的颜色来区分。当然，色彩的搭配也会对味觉产生一定的影响，不过需要注意的是太过单调或者太过杂乱的色彩都不利于增强食欲。

声音也是不可忽略的因素。麦克马斯特大学有一堂公开课，心理学老师在讲联觉时提到了一种非常稀有的联觉形式——音符引发的特殊柑橘的味觉，F音也会引发一种薄荷味道。说到听觉对味觉的影响，就不得不提快餐店，观察之下，你会发现快餐店所放的音乐都是一些快节奏、重金属的类型，因为这类音乐会让人不由自主地加快进食节奏，虽然这使得食客吃的感受很一般，却很符合快餐店迎来送往的客流需求。而咖啡厅的小调大多轻柔悠扬，给人一种惬意的享受之感，还能达到增强食欲的效果。因此，"讲究"的吃货在喝葡萄酒时必须要有法国慵懒迷人的歌声相配，歌声能让他们更好地体会这层浪漫；在吃炸鱼条沾蛋奶糊的时候必须要有英国皇家乐队的声音，那合奏会让他们深刻地感受到这食物的香醇；在享受一杯清茶的时候必须要有"阳春白雪"的乐声搭配……行为心理学教授查尔斯·斯彭斯研究发现，和苦味产生共鸣的一般是低沉的音乐，和酸味最搭的是高音，而甜味却是百搭。

五感相通，普通人都有感触，艺术家们也很喜欢运用它，例如，朱自清的《荷塘月色》中写道"微风过处，送来缕缕清香，仿佛远处高楼上渺茫的歌声似的。"凡·高善于用色彩表达痛苦与热烈；李斯特在乐队指挥时喜欢用颜色来表达——"再蓝一点"。

情绪在左，美食向右

大脑皮层的边缘系统分别掌握着我们的喜、怒、哀、乐等情绪，丘脑、下丘脑一起组成了我们的情绪中枢，大脑中遍布的谷氨酸、羟色胺等化学物质也在影响着情绪的变化。心理学领域认为，大脑的化学物质的缺失，是造成心理问题的生理原因。

人在心情不佳的时候，所产生的压力会造成交感神经和副交感神经的过度紧张，进而引起抑制或者促进胃液运动的情况，就会影响食欲和消化。人在高兴放松的时候、悲伤紧张的时候都有可能会大量进食，我们称之为情绪化进食，这也是导致体重增加的重要原因，这时候，美食可能会是奖励，也可能是一种安慰。

一般而言，情绪化进食是缺乏自制力的表现。弗洛伊德首次提出，自我发挥调控功能需要本我提供能量，有时候自我并不能阻止本我目的的实现。而自我调控多用于对抗习惯和本能反应，就像改变不良的饮食习惯。心理学家鲍迈斯特和泰斯夫妇发现自制力是一个持续的会消耗的东西，他们认为意志力就像肌肉一样，会因为过度使用而损耗。人们如果在前一段活动中消耗掉的能量过多，那么后半段活动可用的心理能量就会相对较少，心理学上称之为心理能量的自我损耗。所以，在生活和工作的巨大压力下，如果自制力消耗过多，能够分出来控制饮食的心理能量也会比较少。心理学领域存在一个有趣的实验，志愿者们被分为两个组，第一组被安排听《咒怨》和鬼故事，第二组则被安排听《甜蜜蜜》和相声，两组同时进行，听的过程中会记录心跳频率和表情变化。研究结果表明，被安排在第一组的志愿者大多出现了紧张、不安的情绪，他们在进食的时候，往往会神思恍惚，沉浸在之前的恐惧情绪之中，不经意间就吃掉大量食物。情绪化进食的人群往往是行动快于决策的，这是一种后知后觉的进食行为。

情绪化进食没有饥饿的感觉，只是想不停地吃下去，更甚者，他们往往不知道自己在吃什么以及为什么吃，仅仅因为食物在眼前，吃就是结果和必然。心理治疗师将这种现象称为无意识进食。"我是谁"、"我在哪"、"我在干什么"的哲学问题太过深奥，当一个普通人在非哲学的角度去思考这些问题时，一定是情绪出了问题。对于情绪化进食来说，进食的行为并不受思想的掌控，这更像是一种机械的、无意识的行为。

要抑制情绪化进食，首先要意识到自己的进食行为，在不该吃东西的时间克制进食的欲望，可以去操场跑几圈，打开电视寻找感兴趣的节目等转移注意力。一般来说，因为压力产生的进食欲望会持续10~20分钟左右，在这期间，若是能够找到缓解压力的方法，便能有效避免情绪化进食的行为，诸如，在正餐时间，吃八分饱能有效地改善进食问题。吃食物之前，关注它的成分组成，从健康角度考虑是不是可以多吃。糖和脂肪能够增加大脑中内源性类鸦片物质的存在，这是一种人体内类似于鸦片活性般的物质，这也说明，大量进食在一定程度上便类似于"吸毒"。

改善情绪化进食最重要最基础的一点就是管控情绪，这与自控能力息息相关，而自控本身也是自我损耗。鲍迈斯特和泰斯同样提出，意志力就像肌肉，会通过锻炼慢慢增强。所以，改善情绪化进食可以适当、逐步地减少额外进食，避免情绪释放的时间过度集中。心理学实验表明，榜样可以对自我损耗形成补偿，因此，我们可以将注意力转向那些公众人物（例如明星），发现他们身上的自控力，并以此来激励自己，以补偿自己控制情绪和控制饮食的意志力。

心情和美食总是息息相关的，心情影响着进食，而进食同样也在影响着心情。

食物本身所含的物质包括香气作用于人体会产生意想不到的效果。甜食会增加大脑的"鸦片"物质，使人产生兴奋和愉悦的感觉，在心情失落的时候适当进食。嗜好吃辣的人往往脾气火爆，如果容易动怒，不妨少些吃辣，多吃一些清淡食物；长期处于焦虑状态时，不妨多吃一些干果类食品，以补充因为焦虑而缺乏的镁元素；如果情绪紧张不安就来点奶制品，其中富含的多巴胺能调节人的紧张情绪；全麦面包能够提高大脑内色氨酸含量与水平，精神萎靡的时候，可以用它来充电。

💡 童年的味道：精神分析理论的童年经验

有这样一个故事，一位小厨娘在一场美食比赛的最后关头被设计失去了味觉。一个失去味觉的厨子就如同没有宝剑的侠客，观众们都很担忧小厨娘会不会在比赛中铩羽而归。出人意料的是，小厨娘没有采用眼花缭乱的菜式，而是以一碗白粥获得了众多评审的青睐，美食评委们吃过那么多的山珍海味，最后却为一碗白粥潸然泪下，这也使小厨娘取得了最后的胜利。而评委们给出的解释为：这碗白粥唤醒了美好的记忆与童年。

精神分析理论认为，早期童年经验对终生人格发展具有决定性的影响意义，幼年的依恋关系，孩童时代的非凡经历同样影响着成年后的人际和情感关系。《倚天屠龙记》里，张翠山殷素素夫妇身死，殷素素死前告诉张无忌"不要相信漂亮女人"，张无忌经历父母惨死，又身受重伤，漂泊无依之下，因缘际会练成神功，虽心存善良却始终在感情上优柔寡断，这样的性格刻画颇为真实。

与童年经验联结的心理研究方向更多地体现在创伤方面，心理学领域对童年经验的研究更侧重于童年经验所引起的人格发展或者心理发展的阻碍。

弗洛伊德的很多理论来源于心理咨询的个案。在创伤的心理咨询中，弗洛伊德更关注与创伤相关的记忆而不是创伤性事件本身。弗洛伊德认为歇斯底里症的病因是童年时期所遭受到虐待的经历，他运用催眠疗法对歇斯底里症患者进行治疗，在催眠过程中逐渐引出患者童年时期的故事，这也是精神分析理论的首次应用。弗洛伊德发现，歇斯底里症患者痛苦的背后是被压抑的情感，这些情感来源于患者从意识中切除的某段不堪回首的记忆，这便是弗洛伊德所说的观念的下意识情结或者第二心理群。相类似的事件或者情境会触发与曾经记忆相对应的痛苦情感，因此简单的治疗往往没有效果，这需要深入探究患者的潜意识，从中找寻引发该种情感的真实经历。弗洛伊德认为，歇斯底里症的背后还与不成熟的性经验（是与性本能相关的经历）相关，他认为这是类似尼罗河之源的精神病学的发现。

很快，弗洛伊德的探究遇到了挫折。他在早期的个案研究中发现，很多创伤性患者拒绝催眠疗法，并且抵制治疗师的分析，而且病人在治疗的过程中发泄的并不是创伤的诱惑而是创伤性虐待的幻想。这并不是对之前理论的丢弃，而是一种补充与探索。

弗洛伊德在对小汉斯的治疗中证明了自己的理论。他发现小汉斯因为嫉妒母亲所以将父亲视为对手，古希腊神话将这种情结称为俄狄浦斯情结。如果父亲禁止了孩子早期的性体验，则意味着阉割，属于一种创伤性焦虑。因此，相比创伤性事件本身，创伤性事件背后的情感才是更重要的精神病症来源。

荣格的观点虽然与弗洛伊德大相径庭，但他依然非常赞同弗洛伊德的该项理论。有许多童年期受到的创伤或者成年后遇到的挫折并没有引发精神症，看似创伤没有意义，实际上，其所诱发的幻想便能带来同创伤性事件一样的结果。荣格发展了多元化的力比多理论，并且从心理中分离出一个情结的多元模型，情结包含无意识内容，拥有不同主题或者原型，情结之间具有分离性也具有聚合性。荣格认为在创伤中退缩是经历创伤的正常反应，因此人格的组成部分会通过分离来抵御创伤。分离会将部分意识割裂，以致意识无法进行组合，那么对于创伤本身的经历也就不再具有连续性。

弗洛伊德和荣格对于创伤的理解都是内部的创伤比外部表现更为重要，无意识幻想在创伤中的作用不可忽视。不同的是，弗洛伊德强调本能的作用，荣格对于创伤的理解范围更宽、更深远。

"从某种角度来说，我们并不能够真正的克服早期的童年经验，那是每个人的人格建构基础，那经验造就你最终成为你，我最后成为我。正如现在你所了解的，当我们学着探寻行为背后的动机，我们对于情感有了新的认识，就可以不再伤害自己。例如，当我们有需求的时候会产生动机，这时依然存在早期童年经验的心态和反应。然而有了这样的了解，就可以预防这种心态和反应，不让你和他人的关系受到它的干扰。"这是美国心理学家巴史克说过的一段话，深刻揭示了童年经验与行为的关系。童年经验无法完全摆脱，但至少我们可以学着去控制童年经验所引发的反应。

九型人格——美食中的人格心理学

人格是人的心理特性，而进食行为是我们最为基本的生理需求。那么人格与美食之间是否存在一些交叉、重叠的"轨迹"呢？

九型人格，被斯坦福大学设立为选修课，这必定有它自身的魅力。九型人格被广泛应用于人际关系、商业、教学、管理等领域，日本索尼公司甚至将九型人格作为公司招聘的参考。九型人格简单且内容丰富，它包含了人们的性格特征，指导我们了解自己、与自己对话。九型人格所描述的每一种人格都有自己的特点，但不能简单区分好坏，每种人格对外界反应的回应方式不尽相同。

第一种被称为完美型人格，坚持凡事都要有规则，认为任何事都非黑即白，并且面对任何事情都有自己的标准，很有主见与原则。拥有该类人格的人对每件事都要求完美，近乎吹毛求疵。他们高度自律自强，刚正不阿，对于自己要求十分严格，很少为了自己而放弃责任，也很少为了享乐而放弃工作。这类人看起来比较死板，不太懂得变通，心理学称之为一号人格。这类人多喜欢吃一些肉类和高脂肪的食品。

第二种是助人型人格，即二号人格，最大的特点就是善解人意、热心助人。他们与人相处时会积极主动考虑他人的处境，会对陷入困境的人施以援手，对于他人的需要，他们总是乐于满足，这样的人有点像"老好人"，也许是没什么突出特点，反而容易被人忽略。他们过于关注别人的生活，过于在乎别人的感受，反而会委屈自己，也会忽略自己的喜乐。他们大多是没有主见，在恋爱中容易失去自己，整天为别人而活的人。这样的人很受欢迎，却也比较容易被忽视。这类人的饮食习惯较为清淡。

第三种是成就型人格，顾名思义，就是有较强的事业心，他们往往对成就有很高的追求，坚持"天下无难事，只怕有心人"的信条，渴望成功，渴望被社会认可，他人羡慕的目光是自己的"强心剂"。喜欢与人比较而且不服输，典型的工作狂，还是急性子。成就感是他们一生的追求，个人的形象、面子也很重要，信奉"成大事者不拘小节"，只要目标是对的，过程可以忽略不计。他们看起来不好相处，实际上内心脆弱，害怕受伤。但强烈的成就欲望并不允许他们展现出脆弱的一面，于是自信成了他们的标签，这样的人走到哪里都是亮点。这类人喜欢酸味的美食，不管是调料还是水果，"酸"永远是他们的最爱。

第四种是浪漫主义人格，最大的特点是感情丰富，容易情绪化。这类人的内心世界丰富多彩且充满幻想，注重个性，追求与众不同。他们往往很享受情绪体验，即便是悲伤的情绪。对于事物也会有强烈的占有欲，会嫉妒，会羡慕，也极富创造性。也许是过于自我，他们可能不太了解人情世故，本身不注重功利，最大的渴望便是他人的了解，但是很可惜，他们最大的苦恼就是没有人能够理解他们。这类人喜欢吃口味较重的零食，对煮、炖的食物也情有独钟。

第五种，我们可以称之为观察者，他们喜欢探求未知事物，他们喜欢独立思考而且对于知识有着狂热的追求，他们希望自己博学，不吝惜展示自己的才华，喜欢与思想有深度的人结交。这种人有点恃才傲物、不好亲近，他们善于隐藏自己的情感，对待事情沉着冷静，但若真的遇到事情，反而会退缩，由此得了"思想的巨人，行动的矮子"的标签。他们喜欢抽象的事物，追求逻辑分析。他们认为这个世界是冷漠的，要时刻保持一定的距离感，一切不过是时间与空间的叠加。这种人很适合做学术型研究。这类人的口味偏咸，有着"理性有余，感性不足"的特点。

第六种是疑惑型人格，我们可以称之为质问者。他们最大的特点就是多疑，内心充满不安，虽然待人真诚却总是容易多思多想。作为一个总是"多虑"的人，他们也时常怀疑自己，渴望得到别人对自己的肯定支持。他们将外界的一切都视为威胁，总是缺乏安全感，于是对于危险很善于未雨绸缪，尤其不喜欢冒险。他们安于现状而且喜欢保障；多疑多思还喜欢兜圈子；总是以最坏的打算去考虑事情。这类人喜欢低卡路里和低蛋白的食物，比较钟情于水果。

第七种是活跃性人格，又可以称之为享乐主义者，他们乐观好动，不喜欢束缚，对于快乐和自由有着执着的追求。他们不喜欢任何沉痛或者悲伤的情绪，一旦现实无法满足他们的快乐，他们便会逃避，到幻想中去追求。一定程度上而言，他们属于未来导向者，能够根据变化的因素不断调整自己。他们做事更注重过程带来的愉悦感而不是结果带来的成就感，"好玩"才是他们的原则。有时候，他们会比较自我，不太在意他人的感受。这类人在主食的选择上"独宠"大米，善于自娱自乐。

第八种是领袖型人格，即支配型人格。他们往往比较独断，对于任何人、任何事都是直截了当，喜欢对自己身边的事物享有支配的感觉，他们带领并且保护自己身边的朋友，即便别人并不领情。他们天生专断，不考虑别人的感受，也不会在乎别人不喜欢自己，他们认定的事情很难改变，相比感情，他们更希望获得的是尊重，喜欢用实力说话。他们秉承"一切以大局为重"，有时还会选择牺牲自己的私利。对于他们来说，掌控某些东西的感觉远胜一切。这类人偏爱肉食，精力旺盛。

第九种是和平型人格，他们是和平使者，尤其害怕冲突，对待别人总是能忍则忍，凡事从不强求。面对身边的冲突，他们善于帮助双方"化干戈为玉帛"，但他们不喜欢做任何决断，不喜欢得罪人，只热衷于做和事佬。在人际关系中，他们比较被动，自我意识薄弱，很善于"随大流"，相信一切事情在冥冥之中自有安排。对于这种随遇而安的性格，面食是最好的美食伴侣。

九种人格各有不同，所倾心的美食也各有差异，你喜欢哪一类食物，又是哪一种人格呢？

CHAPTER 02 性格诡异：也许是你吃得不对

一个人的性格会受到多种因素的影响，其最迷人的就在于它的可塑性和多变性。美国著名个性心理学家奥尔波特曾经就性格提出了特质理论，越来越多的心理学家开始致力于研究性格的影响因素、形成原因，以及对个体发展的影响。性格养成的影响因素只有百分之三十左右的成分来自遗传，近百分之七十的成分来源于包括家庭、环境、学习、同伴关系等在内的外部因素的相互作用。也就是说，后天的影响是塑造性格的主要因素。

近几年，有研究发现，性格也可以"吃"出来，食物既然可以影响生理机能，那么必然也会影响心理方面，性格作为心理的外在表现，也会受到一定的影响。那么，如果性格存在缺陷，是否可以通过"吃"来调节呢？

记忆中的美食：存于脑海中的感动

记忆在心理学上按照时间长短分为瞬时记忆、短时记忆和长时记忆，瞬时记忆非常短暂，大概只有一秒钟，它类似于"机械的"信息登记，所以我们往往会在某个瞬间出现"这种情景和感觉我好像有印象，但是我不记得什么时候发生过"的情况，若非了解心理学，人们或许会狐疑自己是否发了癔症。在诸多瞬时记忆中，会有一些进入短时记忆，短时记忆在心理层面上由5或9个组块来负责。短时记忆中经过强化学习和训练的部分会进入长时记忆，形成存储时间上来说很长的记忆，当然，长时记忆若要保持持久，也需要不断强化和复述。

总体来说记忆的过程分为识记、保持、再认、回忆。以临考前温习知识为例，如果是选择题，那么只需要再认就可以了，而简答题则需要回忆曾经的内容。记忆与大脑的关系如同信息与硬盘，因为大脑要存储的东西太多了，它会根据情况将信息加工再合成，这个过程便会产生遗忘。遗忘在生物进化和心理进化中都是必然和必需的过程，太悲伤、太兴奋的事情总需要遗忘，否则人会沉溺当下停止前进的脚步，过多的无用记忆也会造成负累。遗忘并非仅仅在回忆时发生，它可以发生在任何阶段，乃至从一开始的识记阶段，遗忘和记忆就相伴而生了。德国心理学家艾宾浩斯成功总结出了遗忘的规律，即为心理学称道的艾宾浩斯遗忘曲线。记忆之初，遗忘最快最多，随着时间推移，遗忘的速度会变慢，遗忘的材料也会越来越少。遗忘就像筛子，由快到慢，留下的部分也是选择性的结果。为了避免遗忘，我们便会一遍遍复述来加深记忆，使得掌管记忆的神经系统不断活跃，灵敏度提高，记忆的速度也会相对提高，这也是越思考，大脑越灵活的原因。

从记忆的自主意识上来说，分为有意识记忆和无意识记忆。婴儿的牙牙学语一开始都是无意识的，他们的大脑未发育完全，无法进行记忆加工，也无法控制记忆的自发性。眼睛是识记最主要的器官，也是最懂得无意识记忆的器官。一位心理学家做过一项实验，他让被试者带好仪器去酒吧坐着，去看自己喜欢看的东西或者人，运用仪器分析，发现他看了很多东西。之后，被试者开始回忆整个实验过程，并表示自己只是选择性地看了三个人，其他内容却不记得。眼睛可以在无意识的状态中看到很多东西，对于这些信息，大脑不一定能全部储存下来，这才有了"眼睛会骗人"的说法。有意识记忆很好理解，在学习、工作、生活中，我们总会有意识地去记忆一些知识、流程和事件，这些行为活动都是有意识记忆所控制的识记。对于一道菜的色香味，大脑通常进行的是无意识记忆，就像我们无法完全回忆起吃早餐的细节，无法完全回忆每一个步骤，但仍旧会记得这份早餐的味道，还能在大脑中重现这样的感觉。

明明只是看到了一道菜，我们却想起了家，记忆的联结是很奇妙的。心理学认为，情景记忆根据识记的项目可以分为联结记忆和项目记忆。一般而言，联结记忆是事物之间的记忆，在识记的同时给耳朵听一首循环往复的歌曲，形成紧密的关联印象，后期进行信息提取的时候，倘若出现困难，可以播放这首歌以帮助记忆复苏。同理，在吃家常菜的时候，这道菜的符号会和家进行符号联结，回忆的时候，便会进行联结信息的提取。一道菜的家乡味取决于记忆，同时它也作用于心理。内蒙古大草原上有一种"发菜"很受欢迎，"韭菜"谐音久财，年年有鱼寓意年年有余，这不仅是人们的爱财心理，更是符号联结的表现。

有些美食存于记忆中，即便没有吃到，光是想想也会觉得幸福。心理学家经过研究发现，有一些技能仅仅通过回想就可以强化。同样的跆拳道初学者，将他们分为两组，一组夜以继日的练习，一组则仅仅靠回想去完成动作流程，最后的检验结果表明，两组完成率相当。记忆的神奇之处便在于此，仅仅依靠想象，就可以在脑海中以一道美食去刺激味觉。

喜怒无常？大脑缺乏营养了

20世纪50年代，美国著名心理学家阿尔伯特·艾利斯提出了著名的ABC情绪理论，即合理情绪疗法。该理论认为，产生情绪需要一个过程，在这个过程中：A是Activatingevents，即促使产生情绪的事物或者情节；B是Beliefs，即发生或者遭遇某件事情后所产生的认知；C是Consequence，即人在这一系列情况下所做出的行为结果。人的情绪或者行为结果C并不是由事物本身A直接引起产生的，A对于C的产生只起到了间接的作用，真正引起C的是人对A的认知B。打个比方，甲乙两个人去吃牛肉板面，两人吃的是同一种味道的面，甲觉得好吃所以很高兴，乙觉得不好吃而不高兴，在这个过程中，面本身没有引起情绪，引起情绪的仅仅是认知不同而已。也就是说，在A相同，即同样的情境或者面对同样的事物时，产生的B，即认知或者理解不同时，所引起的C的结果也是不同的。因此，困扰我们的糟糕情绪的来源一般是认知信念的不合理。

不合理的认知包含三个特点：不合理的要求、评价以偏概全、结果太过糟糕。不合理的要求主要体现在要求过于绝对化之上，具体表现为个体以自身的意愿出发，认为某件事必须发生或者必然发生，而不是希望发生。例如，"我最帅""女朋友必须对我温柔"等，这种过于绝对的主观要求违反了客观的规律进程，而人只有在尊重客观的前提下，才能发挥主观的能动性作用。评价的以偏概全是指看待事物不全面，没有做到具体问题具体分析。结果太过糟糕是指，期望中的某件事要是没有发生便会糟糕极了的感觉。比如，"考不上大学，一切都完了"，"女朋友和我分手，人生没什么意义了"。艾利斯也提出了包含情绪外控的十种不合理理念的代表。

若想稳定和改善情绪，就必须从B着手，针对性的改变那些不合理的认知，使之合理化。这样便有了D，Disputing，即对不合理的认知的怀疑否定，以及E，Effects，即通过D产生的积极的情绪行为。ABCDE共同组成了情绪的合理管理方法，D和E需要长久的训练。举例来说，如果你午餐吃了红烧肉，却因不好吃而恼火，但是转念一想，以前光顾的时候还是很好吃的，那么是不是因为自己今天心情不好呢？若真如此，接下来的红烧肉吃起来便没有那么难吃了。每个人都有自己的情绪，也会因各种事情而发脾气，若要进行情绪管理，就要学会在情绪波动时思考以下几个问题：自己这样做对吗？我该怎么做？是不是过于消极了？事情比较乐观的方面是怎样的？古人云"三思而后行"，就是为了防止过于冲动，思考不全面造成让自己后悔的行为结果。与其宣泄完情绪再说"对不起"，不如从源头上去改变，去管理。

认识到情绪的发生，才能进行情绪的管理。如果意识不到，便会出现喜怒无常的情况。情绪化的个体很习惯用自己当前的情绪去判断外在的事件和人物，而自己对此却不自知。心情好的时候大雨滂沱也别有一番韵味，心情坏的时候晴空万里也会莫名出现一丝阴郁。

就情绪管控的影响因素来说，人格也发挥着不小的作用。黏液质的人天生对情绪的反应"慢半拍"，他们性情温和，喜怒情绪的强度也相对较小。抑郁质会更容易悲伤，情绪的波动强度也会更大。胆汁质暴躁易怒，情绪的波动就像六月天，来也匆匆去也匆匆。多血质算是情绪上最稳定，很乐观的人格特质。

好的情绪管理需要练习与积淀，脾气好的人发起脾气来往往会吓坏众人，其实他们不是脾气好而是懂得克制。一般而言，拥有社会经验的人，准确说是社交经验丰富的人更懂得去把控自己的情绪，大多数好脾气不是天生的，而是后天的经验加上"善良"所形成的。地球离了谁都照样转，经历得多了也就知道了什么是"沧海一粟"，我们作为世界上最独特的存在，来到社会无非还是一锅大米里的一颗小米粒，没人在乎这万分之一的存在，除了自己。当深刻地认识到如此残酷的现实之后，认知已然发生了变化，喜怒哀乐都不会再主导个体，取而代之的是冷静与客观。

生物学认为，脾气可能是吃出来的。很多食物所含的成分会在一定程度上影响神经递质，或多或少地影响到整个身体的"司令官先生"——大脑，生理是心理产生的物质基础，自然也会受到影响。

正如上述所说，吃辣多了可能会增强攻击性，吃肉多了会刺激肾上腺激素分泌，进而也会导致易怒的情况。如果情绪大起大落，很有可能是缺钙了。钙是骨骼发育生长的必备元素，而且还能辅助传达神经系统需要传递的信息，也能稳定神经系统的功能，人如果缺钙就会引起包括神经系统在内的身体各项机能混乱。B族维生素主导着能量的消耗与产生，也会对情绪产生重大影响。萝卜中含有大量维生素，"吃萝卜通气"，爱生气的人可以多吃萝卜，顺气顺心，多吃些玉米、水果、鸡蛋、奶制品也是补充维生素B和钙的有效途径。当然还要多多户外运动，晒晒太阳，有助于维生素D的合成，从而促进钙类的吸收。

应酬前，先来杯蜂蜜柠檬水吧

应酬本身需要耗费的心理能量远比日常工作要多，它是一种角色扮演和心理博弈，整个过程的发展轨迹在于你想获取什么信息以及你想释放怎样的信息。

角色，来源于舞台戏剧，社会心理学认为，社会中个体所扮演的角色身份一般与个体的地位相对应，同时社会群体也会对扮演角色的个体产生与之对应的社会期待，比如老师教学生，老师要一丝不苟等等。在戏剧角色里，一个人可以扮演悲情的罗密欧，也可以扮演复仇的哈姆雷特王子或者诡秘的幽灵。同理，一个人是"父亲"、"医生"也是"儿子""领导"，不同场景下，角色也会转换自如。一个角色能够打动观众，除了表演者的技巧之外，还需要他深入到角色里面，摒弃杂念，接纳角色的悲伤与喜悦，一些"某某某把谁谁谁演活了"的说法，便是角色的共情。同样的，现实生活中的角色扮演也需要高超的演技和设身处地的共情。

社会心理学对角色的分类有很多，并从获得角色的方式上，将一个人的角色分为先天赋予角色和后天角色，先天角色一般来源于生物因素方面，例如"爸爸妈妈"、"儿子女儿"，后天角色多为个体争取获得的具有社会性质的角色，诸如"牧师"、"演员""话务员""技术员"等。根据角色的相对自由程度又可以分为约束性角色和宽泛角色，约束性角色是有条件限制的（能力、学历等），例如"导演"，而宽泛角色的范围则比较宽，例如同学。根据角色的追求和其所带来的社会影响又可以分为利益型角色和道德型角色，商人属于利益型角色，警察则属于道德型角色。根据角色个体的意识状态又可以分为有意识角色和无意识角色，有意识角色一般是能被个体察觉的，目的性很强；无意识角色一般是个体未察觉的，时时刻刻发生的。分类只是一种区分，个体可能在一生中的每个时刻都在扮演不同的角色，被赋予不同的职能，也履行着不同的义务。

瑞士心理学家荣格也曾提出过"面具人格"的理论，他提出一个人能够按照社会情境将人格中不受欢迎的那部分隐藏起来，根据大家的喜好展示最具优势的一面，这也是一种趋利避害的表现。他认为，每个人都会进行人格美化，但过于沉浸在人格面具中便会迷失本性。

角色扮演是我们的孩提时代很喜欢的游戏，几个孩子聚在一起，仅仅是角色扮演就能玩一天。但过于沉溺于角色扮演对孩子并没有什么好处，反而会影响他今后的心理健康发展，这些孩子在长大之后总会以自我为中心，承受现实挫败感的能力低，对他人的评价过于在乎，人际关系也会恶化。这种情况需要正向的引导。

在应酬这种社交性很强的活动中，参与者们很善于选择角色并且习惯演绎。朋友聚会，就要选择朋友的角色，席间要热络，要无话不谈，要给人如沐春风、"一壶浊酒喜相逢"的感觉；公司聚餐，就要同时选择同事和下属的角色，既要好相处又要惹领导喜欢，虽然很难，但个体往往能很好应对；谈判时的应酬最讲究，既要能显示优势又要给对方露出想露的破绽……

当人们在交际中扮演不熟悉的角色时，个体也会表现出紧张不安，除了做好心理建设，喝一杯蜂蜜柠檬水也是应对该场合的明智之举，柠檬的香气可以缓解紧张的情绪，蜂蜜中的糖能很好地补充神经元细胞需要的营养成分，"吃饱了才有力气干活"，大脑也是这样的。演绎好生活中的每一个角色，不需要剧本，用心即可。

你知道吗？饥饿竟然是一种情绪

在马斯洛需求层次理论中，最基本的需求便是生理上的"果腹"追求，唯有这一项达标了，才有可能去追求更高层次的目标。处于饥饿状态中的人更容易发怒，这是因为饥饿状态下，胃部会分泌较多的胃酸，脑干部位的下丘脑负责调节饥饿状态，它通过传感器感受脂肪、蛋白质和糖在血液中的含量水平，在这个神经传递的过程中，身体中荷尔蒙和肾上腺素水平会上升，大脑就会感受到来自身体饥饿状态的压力，在巨大的压力作用下，情绪就会出现不稳定的状态。人处在情绪波动的状态中不利于做任何决策，不论是身体机能原因还是大脑的影响，处于饥饿状态中的人更容易被情绪控制而不自知。因此，若要开展决策活动，不妨先把肚子填饱。

心理研究发现，人在进食的时候，大多心情愉悦，处于享受状态，与人交谈往往很是亲和，也更容易与他人达成共识。在享受美食的时候，进食者会更加专注于美食，不会分散过多的精力在外部环境上，这时候也更容易放下防备之心，同一餐桌上的人便更容易感知到对方最平静的状态。

不仅如此，饥饿还能影响情绪，有些心理学家则称饥饿为"饥饿情绪"。一位心理学家尝试减肥，并且成功瘦了二十多公斤，他认为饥饿或是饱足并非是身体上的问题，并不仅仅是热量脂肪的摄入和消耗，如果是，那么节食减肥应该很有成效才对。于是，他得出了"肥胖属于心理层面的问题"的设想，并试图从心理方面着手减肥，结果很有成效。饥饿不仅仅是生理状态，还是一种以进食为明确目标的心理状态。我们在睡了一夜之后感到饥饿，在享受丰盛的早餐之后便会觉得饱，于是，我们认为饥饿是一种周期性的生理活动。但实际上，饥饿是时时刻刻存在的，就像计算机后台程序的运行，只是在后台程序运行过多的时候才会显示出来，才会进入人的意识当中，个体才能清楚地明白"我饿了"。这样看来，饥饿就像人的一种情绪，即便它潜伏在大脑的"后台"，"躲"在意识冰山的底层，它依然会影响我们的行为，让我们的优先级变得扭曲、感觉和知觉发生改变，也会让我们对目标的判断失去应有的水准。

在饥饿时，由于饥饿情绪的主导作用，我们面前所呈现的食物会主观上"变小"，这时候我们的潜意识会认为身体需要更多的食物，由此便会造成吃得过多的情况。相反，若是在吃饱的状态下，我们面前所呈现的同样大小的食物则会主观上"变大"。不仅对食物，我们对自身的认知也会被饥饿情绪影响。如果很饿，我们就会认为自己很瘦，身材很好，多吃点没关系。而当我们在饱足的状态下观察自身，就会觉得"太胖了"。

一般情况下，"饿"可能只是神经系统探测到的身体的"饿"或者说神经系统缺乏处理信息需要的营养和能量而感受到"饿"，这也是脑力劳动强度过大便会产生过于饥饿的状态的原因。节食减肥就像在和自己较劲，很容易用力过度。如果感到饥饿而不进食，神经系统和身体都将处在饥饿情绪的主导之下，一旦开始进食，就会吃的更多，神经系统欺骗个体的方法有很多，总能给出"吃的很少"的认知信息。

同时，这位减肥成功的心理学家也做了关联实验，试图解释这样的现象。他发现在没有察觉到饥饿的状态下，人往往会比往常更早用餐，会在视觉上将食物"缩小"，这样的情况会加速诱发饥饿的感觉。他认为最好的节食是将主动权交给自主神经系统，适度低糖、低脂，不要让自己长期处于饥饿情绪之中，身体比科学更懂得自己最应该摄入什么能量，意识在减肥上的消耗是一种内部损耗，也会起到相反的作用。

饥饿情绪操控下的暴饮暴食不仅影响身体健康，也会影响社交好感。食物在缓解饥饿的同时，也顺道把饥饿状态下的消极情绪缓解了，可谓交往过程中的一大助力。

孤独盛宴：一个人吃饭，也要满满的仪式感

对于仪式感，心理学也有一些相关的解释。19世纪，美国知名心理学家威廉·詹姆斯通过观察人们的行为和情绪之间的联系提出了心理学的表现原理。他让一组被试去做笑的表情，被试大部分都被快乐感染，另一组被试做难过的表情，大部分被试则充满了负性情绪。这一原理也在后来的多种实验中得到了广泛的证实。表现原理认为，我们要先拥有某种行为，然后才会产生某种情绪。在惯性思维里，我们认为开心才会发生笑的行为，难过就会发生哭的行为，而表现原理认为，当面部表现笑的行为时，人会感到开心，当面部表现哭的行为时，人会觉得难过。诸多实验证明了人的情绪是可以被创造的，演员在哭出来的时候同时感觉到非常的悲伤，在演绎正气凛然的角色时，相应的动作也会饱满地体现出整个角色的情绪和性格。"爱笑的女孩运气不会太差"，并非她每天都有值得开心的事情，而是只有让大脑以为自己很开心，才会让自己真正体会到开心。

生活中的仪式感是表现原理的一种应用，你想要生活美满幸福，就要学会热爱生活；你想要成功，就必须表现出努力；你想要表达爱意，就要做出浪漫、用心的行为。

从古至今，仪式感的应用相当广泛，特别是人类文明开化之后。靠天吃饭便要祈求神灵风调雨顺，以三牲祭祀来表达诚意；尊卑有别，长幼有序，稽首作揖。各项礼节总有着它自成的规定，而享用美食是神圣的事情，吃西餐必须刀叉并用，最好还要烛光红酒，吃中餐必须用筷子，这也是仪式感。

仪式感在心理上最大的作用就是给心理一个准备空间，并在其中做一个全方位的调整，从懒散到忙碌，从漫不经心到专心致志，之后将心理调整到有目的地去完成某件事的最佳状态，进入状态之后，便很少会被外界事物打扰，行事效率也会相应提高。仪式感的作用还在于使个体远离诱惑，它就像一个自我约定，约定之内是不被诱惑打扰的"安全地带"。

人的意志并非"铜墙铁壁"，诱惑是无处不在的，意志很容易被内在的"本我"推翻，显得脆弱无力，于是需要更多对外在因素的调整来保证专注，而仪式感就可以帮助完成。比如在看书之前把手机拿到三米以外的地方并且静音。

拥有仪式感会给生活带来无限的乐趣，"一个人要像一支队伍"，一个人吃饭更不能含糊，很多人习惯不吃早饭，而这也会在一定程度上影响人的心理，这类人对新的一天普遍不敏感，在他们心里，每天流水一般的日子过得毫无意义。如果给自己准备丰盛的早餐，并且赋予其不可或缺的仪式感，这份仪式感便可能会产生一系列的连锁反应，带来一整天的好心情。

美食诱惑下的"瘾君子"

生物学家巴普洛夫发现了非条件反射和条件反射，非条件反射是原始的机体自发的，如膝跳反射。条件反射是在非条件反射的基础上增加刺激物，通过学习训练得来的。美国心理学家华生将条件反射的原理应用在婴儿身上，验证了非条件反射训练具有的奖惩机制会改变孩子的行为、习惯乃至性格。个体出现某种行为之后，会根据行为给予某种刺激，如果想增加某种行为，就给他期望的刺激，如果想减少某种行为，就撤销、减少某种刺激或者给他厌恶的刺激。比如孩子上课睡觉被老师罚站，罚站的目的在于让孩子意识到错误，从而不再上课睡觉，这就是惩罚，属于负性强化法。如果孩子考试得了满分，老师当堂夸奖他，并且授予小红花做奖励，奖励的目的在于让他再接再厉，争取更好的成绩，这就是奖励，属于正性强化法。这在日常生活、教育、工作中具有广泛的应用。

外部刺激有即时反应和延时反应之分，这有点类似于即时满足，大脑往往很遵循生物本能，它更喜欢即时反馈。

同理，大脑本身具备的奖惩机制也是偏爱即时反馈的。当个体受到外界刺激产生多巴胺时，大脑的奖励机制就会活跃起来，个体在多巴胺的刺激下会感受到快乐，而为了获得更多的快感，大脑就会发出指令，让个体不断接受能够产生这一神经化合物的刺激或者行为。冰激凌会刺激机体释放更多的多巴胺，所以吃甜也会上瘾，只是还没有达到"让神经系统瘫痪"的地步。多巴胺更像是一个好奇的孩子，它会对一切新奇的事物产生兴趣，也会产生厌烦（参见柯立芝效应）。放在美食上来解释，在吃某种美食的时候，如果你感觉无比新奇，非常好吃，多巴胺就会增多，人就会感觉到快乐，便会多次去吃这个东西，时间久了，多巴胺便会对这类刺激产生"免疫"，这时就会觉得这种美食并没有那么好吃了。

成瘾的基础在于大脑的奖励机制，而发生成瘾则是大脑的神经系统在刺激下发生了改变。长期暴露在一定强度的外部刺激之下，神经系统中的多巴胺会减少释放量，多巴胺受体的活性也会减弱，这样一来，个体所产生的快感便会减少，这就是心理上的脱敏反应（脱敏反应可应用于医学治疗），这时候，个体就会试图增加外部刺激来促进神经系统分泌更多的多巴胺，以达到原来的快乐水平。因此，大脑对于刺激物的关注更为敏感，神经系统显然已经和成瘾物产生了某种连接，在生活中也会直接忽略那些与成瘾物无关的刺激。长期的成瘾物刺激也造成了单脑内部结构中的变化，这样一来，大脑对于行为的控制也会力不从心，意志力明显减弱。

DeltaFosB（转录因子）像是触发的水龙头，它在大脑中是更多的关心量的一种存在，"越多越好"是它存在让大脑所产生的认知，多巴胺的消耗会激发它的作用，致使过量摄入、过度沉浸于刺激等。原本这一蛋白质是一种原始的存在，源于物竞天择的生存法则，动物在本能的驱使下不得不在进食上力求更多，在繁衍上力求更多，才能达到适者生存的目的。作为本能的存在，美国成瘾医学协会曾经提出食物和性是真正的上瘾。科学研究表明，行为成瘾和药物成瘾导致神经系统发生了同样的变化，即二者成瘾的机制是一致的。

对于药物的成瘾治疗已经有很多相应的应用。认知行为疗法认为，改变成瘾就是要改变个体的认识，即对患者植入一种新的认知。家庭治疗则更注重家庭成员之间互帮互助，从家庭层面分析并解决问题。催眠作为心理咨询师常用的手段，也可以应用于成瘾治疗，上瘾的机制在于反射，而催眠则可以重新建立原有的条件反射并且对创伤进行相应的治疗，在实际案例中也已经有很多患者通过深度催眠得到了治疗。患者经过催眠治疗，再次看到刺激物时能够以一种平静的心态去面对，而不会再想"越多越好"。成瘾的患者往往也会伴随某些心理问题，比如抑郁，人格多多少少也会受到影响，情绪时常不稳定，会沉浸在自责、难过之中而不可自拔，催眠能在心理上给他们力量，能较为有效的干预到患者的心理机能。

性格重塑之麻辣变形记

叛逆少女罗拉在父亲的安排下被送往可以进行"性格重塑"的培训中心,接受"麻辣变形"。初到训练营的罗拉对所有的事物都充满好奇,包括一同参加培训的陌生同伴。可是面临高强度的训练,那些异乎寻常的挑战项目又让她处在崩溃的临界点,她在此之前的那些美好幻想全都成了泡影。但是困难和挫折并没有将她击垮,她带着骨子里的那份倔强和坚持,迎难而上、越挫越勇,始终抱着永不言弃的信念。

训练营中的其他人也与罗拉一样,饱受性格问题的困扰。比如脾气古怪的单身妈妈、事业上挫败的创业者、家庭发生巨大变故的人等,而且他们性格迥异,自视清高。在类似"魔鬼"训练期间,他们发生了巨大的改变,从最初的互相"仇视"、坚持独立的个体,到最后变成一个团结的整体。他们看到了集体合作的力量,并且克服了心理上的难题,学到了很多生活知识和生存技能。

面对常人无法想象和完成的困难,叛逆少女罗拉是怎样克服性格和心理障碍的呢?原来,在训练过程中,教练一般会采取含蓄委婉、间接的方式向罗拉及她的同伴进行一定的心理和行为暗示,他们会不自觉地按照暗示人的意愿行动,这是心理学中的暗示效应。积极的语言暗示,会使人产生积极的情绪,从而在一定程度上摆脱消极情绪的影响。教练可能会下意识地在"麻辣变形"中对学员说:"你们可以的!""你们一定行!"等。此外还有动作和表情上的暗示,或许一个坚定的眼神就能让学员对自己产生心理的认同和肯定。最后一个极为重要，即学员的自我暗示，当接收到一个棘手的任务时，很多人会说："我不能完成。""我想放弃。""我真的做不到！""……"此时，教练可能会教导学员学会调节自己的情绪并进行积极的心理暗示，告诉自己一定可以做到，还要有挑战极限的精神。

抑或者是教练以身示范一些高难度的动作，这是切实可行的态度暗示。只要教练可以展现出高度集中、充沛的精神状态和自己对待任务的投入程度，就能对罗拉等学员开展积极的心理暗示。在教练的带动下，学员便会主动投身到任务中去。虽然学员在训练的过程中其自尊心和体能会被"摧毁"，但这也给了他们浴火重生的机会，经过历练及磨炼过后，罗拉等学员的性格得到了重塑。

受暗示性是人类在历史文明发展过程中，逐渐形成的一种无意识的自我保护和学习能力。个体的行为在日常生活中极易受到外界和他人的影响。就像罗拉在集体训练中极易被周边环境所"同化"，这是他人的行为对她形成了一定心理暗示的结果。心理学家巴普洛夫认为，心理暗示是人类最简单的条件反射。这是一种被主观意识上肯定的假设，并没有一定的依据。只是因为主观上认定它的存在，所以心理上会极力向它靠拢。最常见的便是课堂教学时，老师对学生灌输知识，还有面向大众的铺天盖地的广告信息的暗示作用。

不同的人对于心理暗示的接收程度是不同的，而且心理暗示有强弱和好坏之分。人们的显意识并不能控制心理暗示的效果，却会每时每刻都会接收各种心理暗示。趋利避害是人的本能，其实这是由于心理暗示才得以实现。诸如，"我能行！"、"快过去了，再坚持一下！"等，积极的心理暗示会激发人们努力完成目标的追求和对成功的憧憬。在强烈的自我暗示之下或迫使潜意识向显意识所接受和思考的东西靠拢，主体的个性和人格便会在心理活动的影响下发生改变。

除此之外，对于这样一个训练团体而言，集体效应和从众心理必然不容忽视。若在训练中有人提出退出，那么其他学员由于内心的抗拒很有可能会选择一同退缩。这样的现象在最初的训练中尤为明显，由于每个人的性格品行、教育背景、个人经历各不相同，所以出现争执和各行其道是非常正常的。能够在多重困难和自身心理障碍的阻隔下，克服心理上的盲目从众，最后成功得到心理和生理的历练。这算得上是一场持久的心理战。

心理暗示除了对个体具有积极作用外，还可以发掘人们的记忆力。为了研究显意识对个体心理产生的影响，以下实验应运而出：老师在课堂上随机抽取两组同学，在规定时间内进行诗词（诗词在此之前并未讲解过）的背诵。第一组同学进行实验之前，老师向学生们透露了诗词是著名诗人某某的作品，这是一种暗示；而在第二组实验中，老师并未向学生透露任何东西。在到达规定时间后，立刻让两组同学进行默写。实验结果显示，第一组同学的记忆力为56.6%，而第二组的记忆率则只有30.1%。由此可知，这种权威性的暗示会出现良好效果——对于学生的记忆有着非常深刻的影响。

心理暗示不会受到外界反对声音的干扰，它是潜意识对所见所闻和显意识行为的认同、接受和存储的心理过程，所以这种暗示不具备选择性。而且非权威性的暗示也会产生暗示效果，所以暗示效果的好坏以及暗示的有无和权威性无关。

其实心理暗示会使他人不自觉、不加以质疑和拒绝地按照一定的方式行动，本质上是个体的情感和观念下意识地接受他人的影响。我们极易受到外界的暗示，一些间接、含蓄的方式便可以对个体的心理和行为产生影响。就像学生时代每个学期的体能测试一样，比如800或者1000米测试的时候，如果自己的同学或者老师在你快要接近终点的时候向你大声喊："你能行，跑快点，要冲刺了！"或许只是因为这样一句简单的暗示，便能激发起你体内还未完全爆发的能量，最终取得优异的成绩。相同的，体育赛场上的那些运动健儿们面对教练、亲朋好友的鼓舞，还有现场观众歇斯底里的呐喊，极有可能在比赛中迸发潜能，甚至打破纪录。但暗示也并非是万能的，若个体本身实力有限，即使暗示做得非常到位，有时也难以取得好的效果。

心理学表明，人们会自觉或者不自觉地保护"自我"，相比那些强制的干扰和控制，心理暗示无疑是作用较为明显的一种选择。一场"麻辣"变形，其实不仅是性格上的重塑，更多的是一场心理上的"持久战"。

CHAPTER 03 肥胖心理：为什么越胖的人对美食越有想象力

肥胖通常不是生理原因导致的，更多情况下是源于心理原因，因此，可以说肥胖是一种心理疾病。而要想治愈这种心理疾病，就需要从改变心理开始，让肥胖者接受心理辅导，使他们认识到肥胖的危害性，形成自愿减肥的愿望，并通过心理方法鼓励他们在行为上实现自我约束。

人们常常认为"吃"才是导致肥胖的原因，但实际上人们对吃的认识也能影响人的肥胖。为了抑制肥胖，人们常常会选择节食，节食是一种自我约束，需要极高的意志力才能持久坚持。而食用美食却能给肥胖者带来直接的快乐和满足，所以肥胖的人为了满足自我，就会倾向于食用美食。储备食物是人类自古以来形成的潜意识心理，在肥胖者身上，这种心理体现得更加明显，所以肥胖的人对美食的抵抗力会比一般人低得多。肥胖者在节食的过程中通常会因为体重降低而减少心理约束，而一旦心理约束降低，他们就可能比以前吃得更多。

你知道吗？健康零食竟会让人变懒

《市场研究杂志》上有一篇论文指出：节食者一般都偏爱健康无糖的食品，这种食品会给节食者一种心理安慰，却也令他们形成了无糖就可以多吃的错误想法，并就此放弃运动和锻炼。

同时有人指出，健身或者锻炼并不能减肥反而有可能会增肥。因为锻炼在减肥者眼中意味着做减法，美食则意味着做加法。减肥者在锻炼之后，往往会计算自己燃烧了多少脂肪，既然已经燃烧了脂肪，那么便可以再去吃点奖励一下自己。虽然迈得开腿却依然管不住嘴，这样算下来，反而是一笔糊涂账。

这样的加减法减肥方式很像奥地利著名个体心理学创始人阿尔弗莱德·阿德勒提出的自卑补偿心理。总体上来说，每个人都会自卑，这种自卑会使人失望，对自身价值评价过低，无法产生情感寄托，心理上的无助与无力感会促使个体不甘于平庸的现状，追求更加精彩而卓越的人生，自卑的状态会产生心理能量的消耗而造成紧张，促使人们采取措施或者改变自己的弱势来达到一种心理的平衡状态，这便是阿德勒的自卑心理补偿。

阿德勒一开始仅仅将自卑补偿囿于生理方面，后来才引入了心理。生理上的缺陷会造成自卑，阿德勒本身就是个例子，他在家中排行老三，自小驼背，因先天软骨病遭到了不少同学和玩伴的笑话。为了改善现状，他付出了多倍的努力，在心理学上颇有建树，并就此提出了"自卑情结"。著名的物理学家史蒂芬·霍金自从被诊断为渐冻症之后，依旧没有放弃他对宇宙的探索，大脑还是可以活动的，它可以自由翱翔于宇宙，他提出的关于黑洞、辐射、宇宙起源的理论构成了我们对宇宙理论的基本认知。其实，生活中任何不完美的地方，包括物质上、精神上、生理上等都会让人产生自卑的感觉，从而促使人们与自卑进行对抗，就此发愤图强，最后达到改善自卑感或者消除自卑感的结果。后印象派画家凡·高，一生遭受痛苦的折磨，在画作不受重视的情况下仍旧坚持作画，《星空》《向日葵》等作品在画坛的地位见证了一切，很多人会用作品表达情感，却从没有人能像凡·高这样将痛苦落于纸上又能表现得如此热烈奔放，这就是凡·高的魅力。

阿德勒又在20世纪30年代进一步补充扩展了自卑补偿理论，从个体的补偿提升到社会层面，即个体的自卑不仅仅是缺乏自我价值而是缺乏社会价值，社会拥有社会兴趣，由社会成员对社会的各种情感来组成。个体参与到社会之中，为了追求社会价值一定会努力让自己变得优秀，个人目标也会变成社会的共同目标。

阿德勒还提出，自卑心理并非一种变态心理，和心理上提出的变态心理不同，自卑是人们追求优越的内在动力，是一种普遍存在的心理现象。如果个体存在任何无法忽视的生理或心理缺陷，因为自卑采取了有效的补偿手段，并且取得了积极的结果，那么自卑就会发生转化，个体也会因此而产生更高层面的优越感。如果个体在对抗自卑的过程中失败了，认为无论如何都不可能改变，个体就会将这种补偿转向无用的方面，那么自卑就会转化为一种内在的情结，成为个体一直存在的心理阻碍。

在阿德勒的补偿体系中，将对生理、心理、社会三个方面的补偿称为补偿对象，补偿根据效果分为有效补偿和无效补偿，补偿的最忠实施者只有个体本身。其他心理学者认为可以纳入他人补偿作为补充。补偿的最终作用在于心理调节，从补偿对象来看，如果个体存在生理方面的缺陷，那么他可以通过发展缺陷部位的其他功能或者其他器官作为补偿，这种补偿不仅体现在生理方面，还会作用于心理层面，并产生很好的效果，就像盲人的听力和嗅觉会比常人更灵敏一样。肥胖作为一项特殊的生理缺陷，作用在心理上便会产生自卑情绪，为了调节这种心理，机体开始产生减肥的意愿，以达到心理的平衡。这种心理的补偿更倾向于消除失落感，并以此来获得自信或者认同。心理的内在更需要行为的外在去表现，补偿自卑心理需要个体采取一系列补偿的行为，而补偿的过程存在很多不确定性，即补偿会发生很多变化，他人的行为也会产生影响，且补偿不在乎方式更追求结果，由此可以推测，补偿也可以通过他人补偿的方式来完成。

由他人实施的补偿来源于社会比较。社会比较理论在社会心理学领域形成了自己的完备理论体系。社会比较存在于社会的方方面面，从个体刚一出生就开始了，我们喜欢有人相伴，习惯在同伴中寻找认同，也会因此产生很多比较。阿德勒很早就提出了社会比较对自卑产生的关键作用，他认为个体会通过与家庭或者社会成员的比较而产生自卑。心理学领域颇为赞同这样的解释，埃里克森提出了心理发展的八个阶段，每个阶段都要克服不同的问题，第四个阶段要解决的就是"勤奋与自卑"。既然自卑的来源是社会比较，那么在分析自卑问题时我们就需要在社会比较上投入更多的关注。社会比较只是一个过程，它所得出的结果即个体差异，才是导致个体自卑的根本原因，如果个体不去关注这个差距或者忽略这个差距，那么这个差距也就无法产生自卑，也就不需要补偿机制。个体注意到差距，会进行一系列的内在认知加工，最后得出"我不如他人"的心理落差，就此产生挫败感，最终形成自卑心理。

自卑心理是包含于自我之中的自我的认识与评价，过低的自我认识就是自卑。自我的概念是对个体自身的认识以及与他人和社会之间的关系的认识。简单而言，自我需要解释的就是"我是谁"、"我能做什么"、"我在群体中所存在的价值"的问题。个体自我并不是个体本身，它还包含亲密关系、社会同一性，个体的自我含有社会属性，是社会与个体自身交互的成果。这样就又回到了社会比较的问题，社会比较又分为向上的比较和向下的比较。个体通过和社会中的某个个体或者某些群体做比较，比较的前提是个体对他们的认知，如果个体认为他们很差，通过比较得出的结果也是一致的，作用到个体身上就可以得出个体很优秀的结论，那么个体就能在比较中得到自信或者补偿。如果个体选择比较的对象从认知里就觉得"很厉害"，在比较时得出的结果也是这样，那么个体就会产生自卑心理。当然，当个体产生自卑心理时，可以与比较对象进行其他方面的比较，来获取自卑的超越力量。他人补偿和自我补偿最终需要改变的都是自我的认知，将之关于自卑的方面进行重解建构。

因此，减肥是个体进行社会比较之后对肥胖产生自卑的补偿。减肥者在锻炼的过程中，会产生热量的消耗，减肥的人群也会更加关注饮食摄入的热量，少吃对减肥是很有帮助的，吃进去的零食则是对减肥期间必须少吃所产生的心理不平衡状态的补偿，减肥者并不希望减肥失败，却总会因太过看重减肥最初产生的效果而忽略了减肥最重要的意义。从减肥的角度来说，无论哪种减肥方式，体重的下降最初所显示的是体内水分的减少，然后才是脂肪的减少。反弹则相反，体重的增加会先从脂肪开始。这也是健康的小零食在减肥的过程中很有可能会起到反作用的原因。

垃圾食品会"蒙蔽"大脑：总以为没吃饱

科学研究发现，垃圾食品的摄入会改变"饱腹信号"的神经传输，一旦不知饥饱，进食活动便会不易控制。大脑负责感知一切外部的信息并且做出相应的反应，各个脑区分工不同且有所交叉，而负责传递信号的则是神经，吃没吃饱这个信号的传递由迷走神经来完成，此外，迷走神经还负责运动、呼吸的传递。哈佛医学院研究团队根据对白鼠的解剖实验发现，胃肠道内存在分别掌管食物摄取和营养吸收的两种不同的迷走神经。同时在《Cell》期刊上发表了他们的研究成果：负责感受食物摄取、胃肠道的张力的是分布于胃部肌壁的GLP1R神经元，"饱腹信号"也由它来传递，负责感受营养摄入多少的神经元是分布于肠道的GPR65神经元，两类神经元在大脑中枢并无重合而是紧密排列，二者会对食物做不同的信号处理，并在大脑的中枢进行汇聚。迄今为止，关于迷走神经如何区分碳水化合物、脂肪以及糖分仍然是生物科学界在积极探索的问题。

心理学家认为心理具有遗传性，如同基因遗传，不论是亲子研究还是物种的普遍研究，其结果都在很大程度上支持了这个理论。从整个群体角度来讲，群体的心理也具有遗传的普遍性，当今社会男女平等，但男女的分工依然不同，一些"重男轻女"的心理便存在一定的遗传性。

食不果腹的时候，能考虑的唯有生存，从进化论的角度来说，生存除了自身活着还要繁衍后代。活着就需要进食，在蛮荒时期，进食并不是一件容易的事，食物并不像现在这样唾手可得，人类需要亲自捕猎，还要忍受长时间的饥饿。因此，对于食物的选择并不会挑剔它的口感，味觉也不是生存需要特别关心的，人类对于食物的要求只有一个，那就是高热量。高热量、高糖、高脂肪，所有能够最大限度满足生物最基本的生存需求的食物大概才叫作"美食"。高热量的食物能够更好地在体内转化为脂肪进行储存，也就可以更好的度过没有食物的艰难日子。而这样的"饥饿"和高热量的饮食习惯便被刻在基因里进行世代传承，这也就不难解释为什么人们会热衷于高热量食品了。

垃圾食品其实很"无辜"。"垃圾食品"是近几年才开始流行的说法，它们往往都是高热量食品，现代人已经不再单纯地追求热量，而更倾向于营养均衡，但这些垃圾食品在营养配比上往往并不符合要求。常见的炸鸡、汉堡之类的食物所含的能量是非常符合我们烙刻在基因里对于高热量食物的渴求的。也许是因为这样的渴求，才使得这些高热量食品显得尤为美味。现如今不同于蛮荒时代，社会丰衣足食，食物应有尽有，美食种类繁多，人类可以不再遭受饥饿困扰。但基因不会这样想，它还在延行几千年来的久远记忆——高热量的就是最好的。但高热量在转化为脂肪之后，身体摄取食物依然是轻而易举的，脂肪并不会被消耗，也就造成了肥胖。我们在解决饥饿的同时，进食需求也上升了层次，不但追求营养还要追求口感。垃圾食品似乎是为了满足人类的口感而生，"好吃"本身就很诱惑，更容易形成口感的上瘾，而为了增强口感的诱惑，这类食品在本身热量已经足够的情况下，加重了糖、油等的比例，而在热量和口感的双重诱惑下，人们容易越吃越多。

既然我们已经有了对垃圾食品的认知，为什么还会如此沉溺呢？大脑所形成的认知会影响大脑所做出的决定，我们认为垃圾食品不健康，可以用意志的主动性去控制行为对垃圾食品的摄取。然而大脑就像是无数意识的博弈场所，有时候对于高热量食物的摄取本能就会占据上风。在迷走神经没有向个体发出吃饱信号的时候，大脑就会被蒙蔽，使得进食活动失控，就像指挥官和后方补给失去了联系。生物科学界证明，电刺激迷走神经有望治疗肥胖，这也不失为一种方法。

肥胖人士易对美食形成具体"想象"

耶鲁大学医学院研究发现,肥胖人士在对美食的想象方面更具有天赋,他们能轻而易举地想象出刚出炉的面包的味道以及外形,想象会在神经系统内形成刺激,进而增加进食的欲望。而肥胖人士之所以有此优势的原因尚不明确。

心理学范畴的想象,是指对于工作记忆中的信息进行选择性提取,在大脑中进行自上而下的加工形成的推理模式的结果。天空的云朵像一只可爱的小狗,这就是想象。想象根据意识参与程度分为有意识的想象和无意识的想象。有意想象一般带有很强的目的性,为了创作模型而展开的想象就是有意想象。睡觉时做的梦则可以归为无意识想象。幻想属于有意想象中与个体未来相关的一种愿景想象,它存在积极与消极之分,积极的幻想即我们的理想,理想本身具有目标性质,在一定程度上符合客观,并在主观的努力下有可能实现,进而往往能够给人动力。消极的幻想则是空想,诸如妄想一夜暴富、不劳而获,往往不利于个体自身的发展。

一般认为,想象的大脑脑区以及工作机制与工作记忆相关。1974年,巴得利和希切提出:"工作记忆包括三个模块,一个是处理有限注意相关信息的中央执行部分,另外两个则是控制声音的语音通路和控制空间相关信息的视觉空间模板。"之后,巴得利又提出了对于信息编码进行短暂储存的情景缓冲器作为工作记忆运作系统的补充。美国范德比尔特大学神经系统学家弗兰克·童认为,工作记忆与想象具有相同的工作机制。

关于想象有个非常有趣的实验：假设播放《猫和老鼠》的音乐，我们根据音乐提示来想象汤姆猫和杰瑞鼠之间的情境，一定要把细节都想到，小到汤姆猫有几根毛是立着的，它的爪子的细节等等。试想之后，我们或许会对自身相当自豪的记忆产生怀疑，我们在想象中只能勾勒出大体轮廓，尽管这是我们常见的相当熟悉的动画。这种过程在心理学上称之为视觉心像。心理学关于脑成像的研究证明，视觉心像和双眼看到东西时激活的区域会有重叠，但并不会完全相同，大脑额叶在想象画面时往往比看到画面时更为活跃。由此推测，睁开眼看到东西进行的信息加工是一种自下而上的加工，而视觉心像是自上而下的加工。对于脑损伤病人的研究充分证明了这一点，一位病人可以进行画面的想象却无法从成像的画面来感知这是什么，另一位病人恰好相反，他可以看到东西，清楚的感知到，却无法根据看到的东西去想象。

同理，味道也是可以想象的。

想象是需要积累的，任何想象都不是凭空的，就算想象的内容是从不曾存在的东西，那也一定是通过以现实存在的物体为基础的记忆提取和加工。我们或许无法想象一份巴西风味椰奶虾的口味，但是若被告知这是一份精心熬制的浓汤加上虾和椰子，我们吃过虾和椰奶，就可以凭着想象将两种食物根据自身所能想到的方式进行融合，当然，这种想象的结果或许会与实际大相径庭，但这并不影响美食触发想象的"兴致"。

想象美食确实会刺激进食欲望，然而不可思议的是，想象也可以用来减肥！《每日科学》报道，如果你想象一道美食，不要仅仅止于它的色香味，最好更进一步，想象此刻正在大口吞咽这个食物，等你真正能吃到它的时候，你的进食量会减少很多，从而到达减肥的效果。通过一个关于巧克力豆的实验验证了这一点：让一组被试想象将三十枚硬币投进游戏机里，让另一组被试想象将三十个巧克力豆放进嘴里。等到想象结束，两组被试都得到了三十枚巧克力豆，结果显示，想象将三十个巧克力豆放进嘴里的一组被试进食更少。

想象进食某种食品的过程在很大程度上降低了进食的动力，也就是说想象成功地"欺骗"了大脑，让大脑以为已经进食过了，接受了现有的状态，不需要再过多进食。从奖励的角度来看,想象进食所产生的刺激可以称之为奖励,一开始的奖励会刺激大脑的活跃度,而随着奖励的持续,大脑适应了现在的水平,进而会产生一种类似"疲劳"的现象。从进食原因来考虑,因为美食产生的进食欲望或者突然产生的饥饿有时候并非躯体的饥饿而是大脑内部运作产生的"假性饥饿"。这也就能解释有时候我们很饿,在没有进食的情况下,过了一段时间就不饿的现象。想象是对刺激的重复给予,心理学上将长期暴露在某种刺激中心理动力水平反而降低的现象称为习惯化。习惯化原本用于研究婴儿心理,后来逐渐被心理学的其他方向沿用。我们讲习惯化比去习惯化用于教育领域更多,美国心理学家罗伯特·斯滕伯格提出,在产生习惯化的时候,不妨去分散注意力、减少刺激,通过改变刺激的方式便可以达到去习惯化。也就是说,想象产生的刺激一旦发生改变,我们对于食物的渴求或许会回到之前的水平。

乐天派：不吃饱怎么有力气减肥呢？

糖是身体和大脑都喜欢的营养成分，脑部就像一个爱吃糖的小孩子，就算不饿，也会吵着向你索取一些它认为很必要的营养。糖中分解出的葡萄糖是脑部能量的主要来源，如果能量水平达不到，大脑的工作效率就会降低，我们就会因为缺糖而出现一系列头晕目眩、注意力无法集中、记忆的效率降低等情况。减肥作为一个目标性事件，特别需要的就是大脑的参与，以及心理状态的把控。从整个身体构造上来讲，食物是能量，脑与身体各部分是团结协作的关系，更加是一个整体，所以如果"没吃饱"，真的会影响减肥。

饥饿是一种类似情绪的心理状态，而情绪的管控本身就是个难题。意志力之所以值得称赞，是因为真正能够靠意志力去主导某些事情的人寥寥可数。

过于关注一件事，就会为此耗费更多精力。心理倦怠所产生的消耗活动也会产生疲劳，当持续减肥一直没有成效时，多数人便会自我放弃，然后"听天由命"，不再刻意控制进食活动。这就是心理状态的倦怠。

人们在长期从事某件事的时候总会产生倦怠心理。倦怠的提出源于对职业的研究，观察发现，工人们长期从事单调乏味的工作会产生身体和精神上的疲劳。心理倦怠类似于连续工作导致的肌肉疲劳状态，却又不尽相同。它是指人们长期从事某件事或者进行某项工作，心理处于长期的紧张状态，大脑中枢神经出现了抑制，使人们对于该项工作产生厌倦、疲惫的感觉，对于从事这项工作的兴趣明显降低的现象，属于情绪的一种耗竭。

当今社会，尤以从事高强度工作或者需要投入大量精力的工作最容易出现心理倦怠，包括医生、教师、心理咨询师等职业。心理倦怠不仅仅会出现在从业人员之中，学生在学习之时也会出现学习倦怠的情况。心理倦怠成了发生频率极高的问题。

心理和生理总是息息相关，相互作用的。当生理出现问题的时候，心理就会出现相应的反应。比如疼痛触发的紧张心理。当心理出现问题的时候，生理也会出现外在的相应表现。催眠是一种针对心理的疗法，真正技术上乘的催眠大师可以通过催眠个体使其在过程中感受过往经历或者塑造场景，研究发现，如果让个体以为他被烫伤了，那么接受催眠的个体就会真切地感受到躯体上疼痛，这时候，躯体的一系列反应与变化和真正烫伤的生理变化是相似的。也就是说，心理上的疲惫便会造成生理上疲惫不堪的一种状态。减肥也是一样，长期关注减肥所耗费的精力会造成减肥人群对减肥这件事的投入减少，造成心理疲劳，表现为外在便会出现自暴自弃的情况。

产生倦怠一般存在三个维度：个人成就感低、去人性化和情绪耗竭。

个人成就感低主要表现为个体在从事某件事的过程中，逐渐形成的工作的形式化，工作变得像"流水线作业"，个体在工作过程中自我效能感降低并且对于自我价值的评估也降低了，心理上产生了极大的挫败感，感觉自己所从事的事情变得没有意义、没有意思。放在减肥层面，多次减肥不成功，"一鼓作气，再而衰，三而竭"就是这个道理。

去人性化表现为态度消极，诸如自我否定，对外界和自身都漠不关心。最大的转变形同从小绵羊变为刺猬，从开始的温柔冷静到出现倦怠之后的暴躁易怒、富有攻击性。在从事的事情中遭受的挫败感会作用于亲朋好友的身上，诸如无端发脾气，毫无来由的指责等等。对于社交的伤害也极大，个体会变得不合群，社交行为减少或者低社交性等。如同减肥人群过于在乎苗条与否，而减肥却不能立见成效，使得个体开始仅仅是对身材不满，随后逐渐演变成了对自己很多方面的不满。表现为外在，便很容易攻击别人，一个很小的火星都能成为他们发怒的导火线。

情绪耗竭表现为情绪低落，面对压力、对抗压力的动力减小，变得十分消沉，感觉自己的才智不够用，参与工作的效率大不如前。减肥的失败并不会让我们越挫越勇，反而会导致安于现状，即便继续减肥也不过是一次又一次的"开始——结束"的轮回。

💡 吃出的快乐：寂寞、忧愁统统吃掉

相比普通人而言，肥胖人士对于吃有着最深的理解。肥胖人士爱吃，从不挑食。有时候看着别人吃饭，也都能感受到快乐和满足。将所有的烦恼、痛苦都吃掉，转化成快乐进行传播。

饥饿是烙印在基因里的，是本能的存在，很多时候我们无法靠意志力去抵抗本能。需求得到满足就会感到快乐，这一点就要讲到弗洛伊德关于人格的理论。弗洛伊德认为，人格是由自我、本我、超我三个部分组成的，三个体系相互作用，当它们处在平衡的状态时，我们便会表现出健康的心理状态。而当它们处在失衡的状态时，也就是个体的人格系统产生了问题，人的心理状态就会失调。

本我，遵循的是快乐的原则，指的是个体最基本的冲动、需求和性，在弗洛伊德的理论里，性占据着很重要的地位，不同于我们所以为的欲望，他对性的定义是可以涵盖几乎所有原始的欲望。本我是整个人格系统的动力支持，如同我们饿了要吃饭、渴了要喝水、冷了要取暖，它是我们最本能的需求，一种不假思索就知道该如何应对的心理需求，是人格里不会顾及任何道德底线的部分。

当我们饿了，我们的脑海里就会浮现出食物的样子，这能在一定程度上缓解饥饿感，弗洛伊德称这是原发的本我产生的无意识意向的过程。原发过程具有自发性，相当于我们所说的"理智与情感"的情感部分。假如我们被另一个人惹怒，在怒火冲天的情况下，理智未必能占据上风，我们很可能在被激怒的状态下行为失控，这就是原发性冲动，过后往往会后悔。而理智在这时候便形同事后诸葛，

姗姗来迟。

自我，遵循的是现实的原则，它是社会人的表现，往往是后天交往中形成的。自我更加关注社会的看法，如果饿了，却没有食物果腹，自我会管控你不能偷、不能抢，那样会脱离社会，也得不到想要的东西。自我就像社会约定俗成规则的执行者，它来保证本我不出偏差，不至于太冲动。自我与本我之间时常开展拉锯战，就像早晨需要早起，本我的部分觉得睡觉最重要，自我的部分认为约会比睡觉重要，僵持之下，总有一方会占据上风。

弗洛伊德曾经把本我比喻为马，将自我比喻为驾车的车夫。车夫需要驯服马，马也保有自己的想法，共同协作，马车才能前进。

超我，遵循道德的原则，顾名思义，即"超越自我"，它是比自我更高层次的追求。基于奖惩机制建立的超我，更倾向于"善"的原则，它执行的标准更加贴近家庭教育形成的道德观念以及社会普遍约束力的法律。父母会教给我们许多做人的道理，教我们明辨是非善恶。比如孩子顽皮砸坏邻居家的窗户，父母很生气，便会惩戒孩子，孩子就会知道这样做对自己是不利的，会受到惩罚。如果考试得了一百分，父母就会夸奖孩子，孩子就会了解这样做对我是有利的。孩子并非一开始就知道对错，他首先知道的是功利性的选择，经过父母长期的奖惩教育，孩子便会形成属于自己的一套关于什么是对什么是错的准则，等到融入社会，他还会在社会中接触更多的道德原则。

在本我、自我、超我组成的体系中，自我扮演着中间角色。本我追求最原始的冲动、最基本的需求，超我追求道德理想化更近乎完美的方面，二者就像两个极端，我们常说法不外乎人情，在这里可以用来比喻二者的关系。自我虽然与本我不同，却不算是完全相反，自我的存在有着润滑作用，使得个体不至于太过压抑本我张扬超我，也不至于太过遵循本我忽视规则。

"吃"满足的是基本的生理需求，也就是本我的需求，本我一直遵循"快乐"的原则。所以这一原始而基本的本能能够在我们不开心的时候通过满足我们被压抑的本我带给我们几不可察的"快乐"。

肥胖人士更能体会此间的快乐，调查发现，肥胖人士于儿时就加深了吃的

"快乐"。孩子在哭闹的时候，家长更倾向于他是不是饿了，即便原因不在于此，但是只要家长给到孩子吃的，孩子就会停止哭闹。长此以往，孩子只要哭闹，家长就会给他吃的，孩子就会在本能中获得吃到食物的满足感，长大之后，只要接触美食自然也就会觉得快乐。这其中也会有一部分童年经验的影响，童年经验会造就进食与快乐的联系。

匪夷所思，饥饿竟然会传染

饥饿真的会传染吗？从情绪的角度来说，会。关于情绪传染有一个小故事：讲的是一位父亲在公司受到了领导的批评，心情非常不好，下班回家之后，将心里的火撒到了妻子身上。妻子在家干了一天家务，莫名其妙受到波及更不开心，于是教训了放学回来的孩子，孩子敢怒不敢言，就踢了家里的猫一脚。我们称之为"踢猫效应"。美国洛杉矶大学的实验便是让一个乐观开朗的人和一个悲观叹气的人共处一个小时，结果那个乐观开朗的人也变得悲观丧气了。我们在生活中难免会产生很多负面情绪，遇见形形色色的人，情绪的传染有时就像蝴蝶效应，即便起因只是一件微不足道的事。

情绪的传染是由个人情绪在接触中影响到周围人的情绪或者反映的现象，是通过原始的交感神经作用，基于我们学习的模型形成的。而对于情绪的感染是有意识参与还是无意识的，心理学界双方各执一词。

一方认为情绪的传染是有意识参与的，情绪传染是将他人的情绪移入自己的情绪，在双方接触的过程中存在情绪的相互交流。我们常说的"推己及人"、"设身处地"便是这个道理。生活中，人们总会试图去理解他人的情绪，做出相应的反应，以获得更多的认同感。演员拍戏的过程也是一种情绪的传染过程，他们试图在拍戏过程中将自己的情绪移入角色，这样才能更好地诠释角色，以达到共鸣。当我们去看一部舞台悲剧，演员的悲伤、痛苦借助灯光、音乐、场景等展现出来，观众坐在台下能够感受到这样的情绪，也会主动将自己代入到角色之中，就此获得更多的尽可能相容的情绪维度。另一方则认为，情绪传染是个体在特定的情境下对于他人情绪做出的无意识的模仿反应。人们会做出一系列自动的、无意识参与的表情或者肢体模仿，这出自个体学习的本能，称之为原始性情绪感染。无意识情绪传染受到的质疑在于情绪建立在模仿上，即模仿肢体动作就会被传染相应的情绪。而意识情绪传染给予了反驳：如果只有表情，真正的情感却没有，就不会产生情绪的传染，例如假笑并不会产生快乐情绪的传染。

对于意识参与的情绪传染一般分为两种：一种是模仿动作、表情加上意识的参与，调节动作所表现出的情绪。另一种则是移情，美国心理学家霍夫曼对此提出了观点采择和语义联想这两个高级认知机制，由此情绪的产生是自上而下的，情绪的传染也并非是单一的而是多种情绪的传递，情绪传染的机制也变得复杂起来。然而有些情绪是不需要意识参与的低级情绪，这样的低级情绪信息不需要认知的参与就可以产生相应的情绪传染，可见两种理论都有一定道理又存在一定的缺陷。

心理学界认为，情绪信息有高级情绪信息和低级情绪之分。当婴儿与悲伤的大人接触，包括观察、肢体接触以及闻到气味，他也会产生哭泣的行为。也就是说，通过接触就可以传染情绪，在针对动物的实验中也发现了同样的现象。人的脑部对于脸部信息具有专门的处理系统，这种是无意识的处理加工，是自动化的，在信息的加工模式上来说是自下而上的顺序。对于高级情绪信息的处理则是属于自上而下的过程，自动化的成分较少。高级情绪信息可以与低级情绪信息共同出现。因此，情绪的传染不仅仅是个体之间，它也可以通过文字产生。当我们看到"撇嘴"二字时，也会由此激活相关脸部信息的加工使其不由自主地做出相应的动作，产生相应的情绪。将高级情绪信息用以解释情绪传染也导致了情绪传染概念范围的无限扩大。情绪传染的最初研究用于婴儿和某些高级动物，情绪传染的信息的复杂性导致我们并不能清楚区分高级情绪信息和低级情绪信息的作用，这是一种复杂的交互过程。心理咨询中有一种介入手段叫作"移情"，类似于情绪传染，从情绪信息上来说，移情是高级情绪信息的传递。有些学者认为，移情与情绪传染存在一定区别，移情是自动卷入的过程，情绪感染则是被动的，即"是否能够区分情绪体验是来自自己还是来自他人"。

很多研究证明,情绪的传染是一种"复制"加工的过程,在"复制"中存在模仿与反馈两个子系统,对于情绪的观察接触本身就伴随着模仿,情绪感染者存在与情绪源头几乎同步的一种镜像互动。镜像神经系统在这一过程中发挥着重要的作用。心理学界认为,我们所进行的认知、模仿都离不开镜像神经元,甚至有人认为镜像神经元相当于心理学界DNA。利用脑成像技术,我们发现个体的丘脑和皮层部分的镜像神经元都对情绪感染做出了反应。

情绪传染与意识又是如何作用呢?从生理基础上来说,只要情绪诱发者发出了情绪信息,情绪感染者观察模仿到了信息,那么情绪就会产生,由此推翻"假笑不会产生情绪"的推断,我们认为假笑的模仿产生了情绪,只是意识及时制止了情绪,这是情绪感染发生后的意识调节,即感官是情绪传染的必要不充分条件。研究表明,情绪传染是独立于学习和认知过程的,它可以先于意识发生,也可以与意识交互发生。这就是说,在情绪感染中,意识并不是必要的条件,而这也可以证明意识性的情绪感染所存在的最大的问题。

总而言之,情绪感染是心理学界公认存在的一种现象。如同饥饿是一种心理状态,一种情绪,那么饥饿的传染也就得到了解释。在我们意识到被别人的情绪传染之时,意识本身已经起了作用,那么不妨让意识介入更多,用以调控这样的情绪,避免被肥胖找上门。

你睡饱了吗？睡眠不足竟是发胖的"敌人"！

有科学研究表明，睡眠不足会导致人发胖。睡眠占据了一天三分之一的时间，是所有生物都必需的休息环节，在睡眠过程中，身体对于外界的反应会降低，各部分机能也能得到充分的休息。人们有时候会产生做梦活动，这时候睡眠反而成了非常好的灵感来源，很多难以想通的事情也能在睡眠中得到一定程度上的解决。在我们睡眠时，大脑是不会休息的，呼吸的自主调节还要靠脑部指挥来完成。那么，睡眠又是如何影响心理从而影响饮食导致肥胖呢？

社会压力越来越大，不少人面对着失眠的困扰，心理学领域也在积极探索睡眠对于人的影响，并试图采取有效的方法来解决失眠问题。

通过采用脑电图实验，研究总结出了睡眠的一些心理机制。人在醒着的状态下，脑电波为快速低幅的β波。睡眠的周期一般在九十分钟左右，最初，人会开始一段由浅入深的睡眠，称为慢波睡眠，之后快速眼动时期出现，在这个时期，我们很容易做梦。在整个睡眠的过程中，两个时期是交错出现的。慢波睡眠又可以分为四个阶段，四个阶段中脑电波会出现不同的反应。第一阶段开始入睡，阿尔法波相应减少，脑电波处于平稳状态；第二阶段浅眠，σ波伴有少量δ波出现，出现纺锤形波；第三阶段中度睡眠期，δ波出现的幅度增加；第四阶段进入深度睡眠，依然呈现δ波。在快速眼动时期，眼睛转动频率较高，脑电波呈现为混合频率。梦的完成一般是在快速眼动时期，此间我们会做大量的梦，但能够记住的却仅是一两个简短的片段。

心理疾病往往也会伴随睡眠问题。睡眠如同吃饭一样是生物本能，本能在得不到满足的状态下，自然也会影响心理及生理各方面的发展。

在睡眠状态下，人的神经的变化度比清醒之时更高，有研究证明记忆力的巩固实际上是在睡眠的过程中进行的。从注意的角度分析，人在睡眠的状态下需要分散的注意力减少，大脑需要分析的信息量减少，就可以沉淀下来进行更多的信息加工。

睡眠不足会导致整个机体功能的下降，人的反应速度会明显地降低，白天的工作效率就会降低，体内皮质酮的含量增加，人体肌肉就会处在紧张状态，血压就会变高，长期睡眠不足还会加速衰老，诱发各种疾病。在睡眠不足的情况下，身体的消化功能就会受到抑制，身体中消化不完全的物质就会进入血液，原本睡眠中可分泌促进脂肪燃烧的激素分泌减少，身体消耗脂肪的能力也会变弱。睡眠不足的人往往会更加饥饿，需要更多的食物，实验研究中，让睡眠不足的人正常吃东西，发现他们比平常平均多吃了三百卡路里的食物。

💡 肥胖偏见：胖子的救赎之路在哪里？

我们对肥胖唯恐避之不及，脂肪却对我们永远那么亲近。在肥胖者眼里，美食变成了"禁果"，就连凉水都成了"隐形脂肪"。

我们总是认为，胖子往往非常乐观，他们胸怀宽广、"宰相肚里能撑船"，而这也被看作是性格使然。但其实并非如此，肥胖本身就是一种疾病，而对肥胖者的偏见也一直存在着。肥胖者被这样的偏见所困扰，他们害怕别人的目光，也害怕自己变得更胖，有时甚至会自暴自弃。

肥胖者的烦恼大多来源于社会，多数是比较之下所产生的心理压力。生活中许多"无心之言"便会让肥胖者脆弱的心受伤，你可能只是提到了卡路里，他却以为你在歧视他。生活在别人目光下的肥胖者会变得越来越不愿意到人群聚集的地方去，对自己越来越没有信心，自卑等心理问题便会缠上他们。如果父母从小向孩子灌输"肥胖不好"的观念，那么孩子也会这样去"歧视"其他孩子，那些肥胖的儿童无处可逃，只会变得越来越孤独、不合群。不仅如此，很多面向儿童的动画片或儿童读物中也充斥着世人对于肥胖者的偏见，这间接给孩子们植入了对肥胖者的歧视观念。研究表明，肥胖污名化的意识是孩童时期就会表现出来的现象。3岁的孩子已经具有"胖的就是不好的"这种刻板印象，随着年龄增长，这种意识会越来越根深蒂固，肥胖的儿童受到这种意识的影响也会越深。

我们总会在不知不觉中被偏见引导，观念的可塑性更是给了偏见可乘之机。一旦在这种状态下形成某种观念，人总会固执到不想改变，不愿意承认自己的错误。社会心理学认为，人们对于某些客观事物的观点容易受到自身个性特征的影响，从而对事物的认识会具有一定的倾向性，在此基础上，由于错误的逻辑造成了对客观的歪曲认知，人们就会产生一种否定的态度。我们会产生性别歧视、种族歧视，也是因为认知或者主流文化的影响。偏见是一种态度，这种态度包含情感、行为倾向，偏见的标志是负性评价，即刻板印象影响下的错误信念。与偏见不同，歧视是一种行为定义，它往往源自偏见的负面行为。由于态度与行为并没有因果的必然联系，因此偏见并非一定会引起确定的歧视行为。

社会心理学对于偏见的研究始于20世纪20年代。种族偏见一度成为社会心理学的焦点问题，美国社会心理学家鲍格达斯曾经使用社会距离量表进行态度的调查，这是最原始的偏见的数据。偏见往往会造成两个极端，我们很容易放大他人的错误，而在矫正自己的偏见时往往也容易犯错，会对那些自己持偏见态度的事物表现出过分宽容。

社会心理学认为，偏见具有双重性，我们对一种事物或者现象会具有外显或者内隐两种态度，外显的偏见是可以意识到的偏见，内隐的偏见则是自动的偏见。虽然外显的态度会随着我们的认识、需要发生改变，但是内隐的偏见往往是根深蒂固的。举例来说，当今社会提倡女权、关爱女性，这代表着女性地位的上升，但毋庸置疑的是，内隐的性别偏见依然存在。

在不知不觉中，我们很容易就会被某些词汇或者动作触发偏见，偏见会引发敌意。那么偏见的产生有哪些影响因素呢？

美国社会心理学家艾略特·阿伦森致力于研究态度问题，1978年，他和同事共同创立了拼图法用以减少儿童之间的种族歧视问题。他在《社会性动物》一书中提出，偏见和歧视的原因基本可以概括为四点：转移自己的攻击目标；存在利益冲突；遵从社会观念；满足人格发展的需要。

随着社会心理学的发展，我们对偏见有了更多的认识，一般而言，偏见的来源主要有社会根源、动机根源和认知根源。

偏见的社会根源往往来源于不平等的社会地位。人与人之间的社会地位具有一定的差异，不平等一旦发生，偏见就会帮助社会地位更高的人获得更多的财富和地位。父母的价值观会对我们的认知产生一定的影响，也就是说，偏见是可以习得的。偏见与从众也密不可分，偏见一旦形成就会固化，一旦被社会所公认，它就具有了"召唤性"，个体为了更好地生存，往往会选择从众，因此，为了从众而培养偏见则是顺从潮流的表现。社会心理学在20世纪50年代经过调查发现，那些习惯从众的人往往更容易产生偏见。有时社会制度也会对偏见产生支持的助力，权威人物的态度也很容易引导大众。

转移攻击目标是偏见动机根源的一种，往往是个体遭受挫折或者冲击之后对外界采取的应对措施，最明显的就是"替罪羊现象"。社会心理学认为，情绪对个体的行为和认知会产生非常大的影响，个体很容易在各式各样的竞争中尝到挫败感，挫败感会带来负性情绪，即愤怒或者悲伤，在这种情绪的控制下，个体更容易产生偏见和歧视行为。当个人的利益受到损害时，人们往往倾向于损害他人的利益来弥补自己的心理损失。例如，纳粹德国将犹太人视为替罪羊。除此之外，社会同一性也是偏见的根源。人是群居动物，人们常常会对自己所在的群体产生自豪感，人们将自己和他人分为不同的类别，然后将自己归为满意的一方，以此获得自尊。群体中的个体会更加偏爱自己所在的一方，就此对其他群体产生偏见或者敌对态度。集体中的个体拥有"我们"的概念，对自己的评价也会依赖其他成员的优点，这也就让个体感觉自己非常优秀。当然，在个体以群体来界定自己是谁的同时也在界定自己不是谁，这就容易造成内群体偏见，人们往往会觉得与自己有相同点的人更值得亲近。社会地位、情感归属的需要都会成为我们产生偏见的内在动机。

偏见和刻板印象不仅仅是社会条件所致，它们还是认知的产物。我们的认知之所以会产生这些，就是为了简化思考。当我们遇见难题，我们会尝试各种办法去解决它，在第二次遇见类似的难题时，我们就会不假思索地采取类似的方法。我们喜欢分类，这是简化环境的体现，通过分类，我们可以在省时省力的状态下获得想要的东西。我们的认知也青睐那些独特性，独特的事件、特立独行的人往往能够吸引我们的注意并且引起偏见，我们也会主观上放大这个人的独特性。比如有时候我们能够对电视剧中不讨喜的配角产生极致的厌恶。自我意识会"误解"他人的行为，让我们以为别人在针对自己。当我们产生偏见时，还会习惯性的将其归因于某个比较突出的人或者事物而并非环境，或者说我们会忽略环境的作用。公正世界现象也是我们容易犯的错误，我们常常认为自己是最公正的，并善于站在道德的制高点去指责别人。

对于被歧视者和偏见对象而言，歧视往往带有自我实现的功能，那些偏见会慢慢把他们变成别人"期望"的人。而态度的释放者则会拥有自身永存的刻板印象，他们不会改，即便事实不符合观念，他们也会认为那并不是真相。

你有一份正能量"零食"需要查收

当觉得自己胖的女性阅读那些与肥胖相关的新闻，就会大大增加她们发胖的概率。加拿大滑铁卢大学做过一次研究，研究人员选取了一批大学生并且对他们的身高、体重、自我评价加以记录，五个月后，再次记录这些大学生的身高、体重、自我评价，同时记录与他们关系亲密的人时他们的评价。研究发现，当亲近的人说他们苗条的时候，他们更加愿意保持自己的身材，而当亲近的人表达"你该减肥了"的意思时，他们尤其是女生反而会变得更胖。

这样的情况或许可以用心理学中的暗示效应来解释。我们做任何事都会受到自身或者他人暗示的影响，并因此而改变我们原来的行为轨迹。暗示效应是指个体在不自觉地情况下接受了含蓄或者间接的心理暗示并且做出了符合暗示者期待的行为反应。部分心理学家认为，暗示是对潜意识最好的操控办法，根据受到暗示而触发行为带来的后果可以将暗示分为消极暗示和积极暗示。如果我们能够发挥意识的作用，选择性地接受心理暗示，那么我们就可以利用暗示达到帮助自身的积极效果，避免消极暗示的影响，还能够改变自身的生活质量、提高工作效率。

每个人的心理都会存在弱点，很多弱点不会对整体造成太大的影响，但它总有可能在某一时刻发挥作用，成为我们前进路上的"绊脚石"，它会干扰我们的判断，影响我们的行动。《古今医案》中有一个人，名为朱洪元，有一天，他半夜口渴喝了很多水槽内的水，第二天却发现水槽内有许多红色小虫，于是他开始日日担心自己喝下的水中会有小虫，以致精神萎靡，最后病入膏肓。多方求医无果，后来有一游方道士路过此地，为他进行了诊治，道士心知此乃心病，于是将红线剪成小虫大小与巴豆、米饭蒸成"药丸"给朱洪元服下，朱洪元见"红虫"排出，疑心渐消，慢慢恢复健康。心理咨询中也有很多这样的例子，例如，一位成绩优异的女孩在考试前总会心烦意乱，无法进入状态，导致记忆力下降，在咨询中了解到，她在成长过程中感觉父亲对她漠不关心，认为母亲的文化水平不高很无知，所以她有着强烈的自卑感。虽然争强好胜，却无法摆脱自卑，两种情感的冲撞就此形成了心理冲突。

消极的心理暗示会让人变得疑神疑鬼、自责愧疚或者自我放弃，面对任何事情也会显得有些"小题大做"。比如，科学报道吃肉会增加高血压的风险，有些人便一点肉都不吃，鸡蛋、牛奶都不碰，这就是过于紧张，有点"杞人忧天"。我们每个人都会为自己的社会角色承担相应的社会责任，消极的心理暗示却会促使人们承担不属于自己的责任，其所形成的过多的内疚感便会压垮个体的精神。受到消极心理暗示之后，个体的颓废懈怠是最严重的问题，在日常生活中，我们常常会听到有些人说"我本来就这样"，这成为他们逃避的借口，即心理防御机制的一种表现。个体在受到挫折或是原来的目标未曾达到时，其心理上便会出现落差和较大的挫败感，为了隐藏自己的动机，个体对他人和自己进行了"欺骗"。就像一个肥胖人士减肥不成功，他就会告诉自己"我本来就很胖呀"，减肥没成功依然给他带去了压力，但他只能以这样的方式减轻自己的焦虑。

对于消极的心理暗示，我们可以主动地进行积极的干预，方式上可以采用罗森塔尔效应。在古希腊神话中，塞浦路斯国的国王皮格马利翁倾注全部的心血用象牙雕刻出一位美女，自此，他每日抚摸雕像，爱不释手，久而久之，他对这尊雕像产生了爱慕之情，祈求爱神能够成全他的痴心，爱神被他感动，于是赐予雕像生命。皮格马利翁为雕像命名伽拉忒亚并奉为妻子。1966年，美国心理学家罗布特·罗森塔尔受到这个故事的启发设计了一个实验：他给了老师一份名单，并告诉这位老师名单上的孩子都是大器晚成的可塑之才，他猜想或许这会改变孩子们的成绩，等到期末成绩出来，名单上的孩子果然成绩优异。实际上，名单上的姓名都是随机的，或许老师在知道他们"大器晚成"之后给予了特殊的照顾，他们也会积极地暗示自己是"与众不同"的，自己一定能够取得好成绩，所以成绩就此得到了改善。暗示在本质上是一种情感和信念，我们都会不由自主地受到自己钦佩或者信赖之人的影响，但也应当明确，积极的心理暗示所带来的成功并不是一蹴而就的。自我赞美是通向成功非常重要的方法，而这需要日积月累才能获得意想不到的效果。

学会使用"心理贬值法"也是积极暗示的方法。美国心理学家苏尔茨在1981年提出了心理贬值法，即把降低那些让自己感到不快乐、不轻松、很困难的事情或者因素在心理上的重要性，以此达到一定程度上的舒缓心理压力的作用。比如当有些学生成绩不太理想时，他可以换个角度，想到自己在学校发展了各式各样的兴趣，还拿到了各种证书，后者在毕业后会更重要，那么他就不会过于内疚了；当遭遇失败，或是错失机会时，我们也可以对自己说"以后还有很多次挑战的机会，只要努力，下一次一定可以成功"。当然，心理贬值法的运用也要适度，一旦过于依赖心理贬值法，我们很可能会失去衡量的标准，也就是说，我们需要在心理上给自己定一个浮动标准，将心理贬值法的运用控制在标准范围内。

情绪是人这个"高速运转的机器"中最不可控的内部因素之一，任何微不足道的事情也有可能会引起情绪的大起大落，进而影响人们做事的效率，所以尽量调整情绪也变得尤为重要。著名短篇小说作者欧·亨利所写的《最后一片叶子》中，描写了一位身患重病、不久于世的姑娘，以深秋窗外树上的叶子作为倒计时，静静地等待死亡，树叶就是她所剩不多的希望，日复一日，树叶凋零，最后一片叶子仍然在树上，直到她以此为信念熬到了第二个春天。后来，她去看了那片叶子，才知道那是被别人画在上面的。美国心灵导师戴尔·卡耐基说过：当你能够接受人生最低谷时，你一定会重新发挥自己的力量。当你心情非常不好时，告诉自己再糟糕也不会比当下更难了，尝试去改变吧，成功皆大欢喜，失败也没什么损失。绝境之中反而能激发人的潜力，自暴自弃并不会拯救自己，只会越陷越深罢了。

当我们对自己的身材不满意时，要学会对自己说"你不胖"，需要做的不是减肥而是保持现在的体重,不要暴饮暴食也不要与饥饿做无谓的抵抗。饿了就吃七分饱,不饿就尽量少吃,保持心情愉悦,也许不久之后体重便悄然下降了。在积极的自我心理暗示下,我们不会再去关注那些自己制造的难题,虽然那道难题一直存在,却已是换了一个形式而出现,我们也能以最省力的方式去解决。

CHAPTER 04 味道玄机：潜藏在味蕾边缘的心理秘密

选择不同美食的背后是否暗藏着一些心理玄机呢？吃自助餐时，面对"琳琅满目"的食物，你是否会不知作何选择？草原上的羊群只知道一起漫无目的的低头吃草，全然不知前方可能有更新鲜肥美的青草。动物如此，其实人类亦然。我们总是会不自觉地跟随他人，不假思索地拿起那些不知会引起何种味蕾体验的食物，不论是那些会刺激我们大脑分泌多巴胺分子的甜食，还是会产生痛觉刺激、实现心灵上"安全冒险"体验的麻辣食物，可能都会被你盲目装入盘中……

从心理学的角度来看，个体对不同口味的选择的背后存在一种内在发生机制，对于不同美食的选择其实暗示着价值中立的倾向。或许你的选择在他人的影响下悄悄发生了改变，尽管自己最初并不钟爱某些食物，但是久而久之会产生认知上的趋同。若食物界的"秩序"发生偏差时，你会站在这条"中轴线"的哪一端呢？是坚持自己对食物的选择，还是淹没在大多数人中呢？

为什么有人偏爱榴梿，有人却认为臭气熏天

"甲之蜜糖，乙之砒霜。"如果榴梿吃着香的话，闻着也必然是香的。反之，如果不喜欢榴梿的味道，那么吃到嘴里的感受想必同样是种煎熬。根据化学的萃取方法，证明榴梿本身拥有非常好闻的气味，也就是说，榴梿的气味其实是一种高浓度的香，如果我们对榴梿的香气进行稀释，那么它所呈现出的自然香气便是我们所能接受的气味了。

我们从个体差异来看待榴梿问题，要知道"世界上没有完全相同的两片叶子"，每个人的生活经验都不相同，对于同一个榴梿的感受也会见仁见智，即便是在"不喜欢"的阵营，其中不同的成员对榴梿的感觉也是不同的，造就这一切的便是我们的神经系统。

鼻子是我们暴露在外获取气味信息的器官，最初用以分辨敌友和判断自身处境。臭味意味着腐败气息，大脑的感知便认定其有毒，因此没有人喜欢臭的味道，即便我们有着细微的嗅觉差别。如果真的有人特别喜欢臭味，是现实中的"逐臭之夫"，那么此人心理极有可能存在某些问题。榴梿能被一部分人接受，也确实意味着它的味道并不是简单的臭味。科学研究显示，我们对于气味好坏的判断还来源于以往的经验。气味是能够诱发人们的记忆的，大脑会对相似的气味做一种相似信息的处理。对于食物来说，味道的感受是味觉感受器和嗅觉感受器共同作用的，闻到的气味只是一小部分而已。而鼻子对于气味的接受程度也是有限度的，一种散发香气的洗发水，少量能让头发生香，过于浓的气味则会强烈冲

击到鼻子对香味的接受程度，神经系统接收到这样的信号也就自然地认为这个气味不好闻。

如果我们想让一个不爱吃榴梿的人开始喜欢榴梿也不是没有可能。"久居兰室不闻其香，久居鲍市不觉其臭"，心理学上有一个名词叫作"感觉适应"，它可以很好地解释这一点。鼻腔内的嗅觉感受器在气味的持续作用下产生了对于同种气味的不同感受，前提就是这种气味在强弱不变化的情况下持续地作用于我们的鼻子。

对于感觉的适应也是人类能够很好生存的一个优势，当然，人类能适应的感觉还是有限度的，一直暴露在某种极限环境中，我们对于刺激的感受性就会变得很低，产生身体或者心理的疲劳现象。长期在酷暑或严寒的环境下作业，我们的身体也是吃不消的。感觉的适应一般分为两种，一种是对于较强刺激的适应，另一种是对较弱刺激的适应。持续性地接受较强刺激，就会降低我们对于这种刺激的感受性，相反，如果持续接受较弱的刺激，就会提高我们对于这种刺激的感受性。

身体中不同的感觉器官对于感觉适应的表现是不同的。视觉感受器是我们的眼睛，眼睛对于光的适应分为明适应和暗适应。明适应是指从暗处走向亮处视觉的变化，早上睁开眼睛，慢慢适应室内的光线，拉开窗帘却觉得无比刺眼，过一会儿才能感到舒服，这就是明适应，明适应需要的时间大概为五分钟。暗适应则是指视觉感受从明亮处走向暗处的变化，晚上刚刚关灯的时候，我们觉得伸手不见五指，过一段时间，我们便能在黑暗中认清物体的轮廓，整个暗适应的过程会在三十分钟左右不断提高，之后便趋于平稳；听觉适应往往不太明显，过高的声音还会降低听力；味觉适应则比较明显，经常吃糖就不会觉得糖甜，经常吃苦药的人就算吃苦瓜也不会觉得太苦；触压觉的适应也很明显，我们戴一块手表，刚开始会觉得有点不舒服，长期下去，便会慢慢适应，触压觉在三秒钟左右就可以回到原始值的百分之二十五左右；对于温度的适应，更是我们长期以来应对自然环境的重要能力，冬泳的人会对寒冷有更好的耐受性，夏天从室外进入有空调的房间，就会觉得很凉快。

我们对于感觉的适应就像是弹簧，富有弹性，但是感觉适应也有极限，当掌握好其中的力度与范畴。

气味是非常容易和记忆相互作用的，如果榴梿和记忆中美好的事情相关，那么我们很有可能会偏爱榴梿。如果不好的记忆与气味相互作用，当我们看到这样的食物、闻到这样的气味时，很有可能会牵动知觉记忆，引起某种负面情绪，导致我们对这种气味产生不好的印象，那么我们对这种食物的感受可能也会很糟糕。

💡 你是"咸星人"还是"甜星人"

吃甜能够降低怒火。美国俄州立大学研究人员做了相关的实验来证明这一理论。研究人员请62名当地大学生来做被试，为了确保被试们血液内葡萄糖的含量基本稳定，被试们会禁食3个小时。随后，实验开始，研究人员给到一组被试的是加了糖的柠檬水，而给到另一组被试的则是不加糖的柠檬水，等到用完柠檬水八分钟后，分别对两组人员进行按键速度测试，两两一组，比赛中输掉的一方会接受噪音惩罚，双方可以在比赛之前为对方的惩罚设定分贝大小，比赛反复进行了25次。结果表明，饮用加糖柠檬水的一组比饮用不加糖柠檬水的一组设置的惩罚噪音的分贝普遍要低，也就是说，饮用加糖柠檬水的一组攻击性相对较低。参与实验的心理学教授布拉德·布什曼认为，控制冲动行为需要大脑耗费更多的能量，也就需要更多的营养。食物中的葡萄糖能最快最有效地为大脑和神经系统提供营养，糖并不是在根本上平息怒火，却能在调整心态使平静上起到辅助作用。之后，研究人员对糖尿病患者进行问卷调查，发现由于糖尿病患者并不能够很好的代谢糖，情绪往往很容易失控，普遍无法原谅侵犯自己的人。进食甜食能够使得我们的神经系统获得充足的营养，个体也会感觉到快乐和满足，因此"甜星人"往往都是乐观积极的。

如同我们对食物的渴求是烙印在基因里的，吃咸对我们的生存相当重要，爱吃咸的人往往勤勉有加，对待事情踏实稳重。

吃咸是一种本能。从数万年前开始，盐就是海洋生物赖以维持生存的物质，不论是生存、繁殖还是哺乳都需要盐的参与。如今，食盐也是我们生活的必需品，在古代，盐由官家控制，它的重要性不亚于钱币。从营养成分上来说，盐中含有身体所需要的微量元素钠，钠的来源很多，能够确保补充的途径却很少，而不吃盐造成缺少钠元素的概率是非常大的。缺乏盐的摄入会造成低盐综合征，患有低盐综合征的人往往面色发白、血压下降、肌肉无力，使得机体渗透压的平衡遭到破坏。同样与攻击行为相关，如果我们发怒或者表现出攻击行为，肾上腺素会增加，脑垂体受到刺激，就会造成体内盐分的快速流失，此时便需要及时补充盐分，盐分供给不足不仅会破坏细胞水盐平衡还会破坏神经系统的正常运行。身体机能的运行离不开盐分的供给，科学研究发现，爱吃咸的人更愿意从事体力劳动。

从对某种食物的咸甜偏好来说，我们的选择大多源于经验。一方水土养育一方人，身在不同地域，受到当地民风民俗的影响，对于美食的偏好也会有所不同，甜和咸是身体需要的普遍味道，某种特定偏好多归因于我们的定势思维。

喜欢吃辣的人真的存在更强的攻击性吗？

人们常说"字如其人"，我们的笔迹里潜藏着我们的性格心理。同理，西方有些国家认为"人如其食"，也许是基于食物进入身体后所产生的奇妙的化学反应，我们吃的食物也会在一定程度上表现我们的一些心理特征。

食物有酸、甜、苦、辣、咸的五味之分，而只有辣最特别。在我国，爱吃辣的人差不多占到了总人口的三分之一，这还不算那些喜欢微辣，偶尔吃辣的人。因为辣是一种痛觉和热觉，吃得太辣，我们习惯喝凉水去冲淡辣的感觉，这其实很类似于降温。

吃辣能够提升人的攻击性，对此，心理学界进行了一些研究测试。实验一：通过提问的方式记录被试是否爱吃辣，爱吃辣的程度是怎样的（微辣、特辣、变态辣），记录之后让被试做关于攻击性的量表，以此来对比，发现喜欢吃辣的程度越高的人，他的攻击性就越强；实验二：给到所有的被试相同的食物，但其中一组微辣，另一组不辣，等被试吃完，让他们进行填词游戏，发现微辣组的人更偏向填写带有攻击性的词汇；实验三：让被试去看一些辣或者不辣的食物，然后对被试的攻击性水平进行测试，得到的结果与前两个实验相同。

弗洛伊德认为攻击性属于本能。宇宙的文明起源不可探寻，人类文明的出现源自一把火，文明利用力比多（指性力，泛指一切身体器官的快感）将大家串联在一起，使得群体之间产生相互的认同，文明意味着规矩，规矩就是束缚，人类便需要更多的力比多来保持这样的状态，用以保证原始的性不会打破现状。人类不愿意承认的就是天生具有攻击性，周围的人不仅可以是合作伙伴还可以是攻击对象，因为某些目的或者追求某种刺激，我们有时会变得非常具有攻击性，当然这种目的或者刺激也可以通过比较温和的方式来实现。在某些情况下，对于攻击性的管束往往会失去控制，这个时候人不够冷静，可能完全靠本我支配，攻击性就会变为攻击行为。

我们可以在自己或者朋友身上发现这种攻击性的倾向，我们和其他人之间的关系也因为攻击倾向变得棘手，整个群体的文明正为此消耗着能量。人类原始的攻击性被自我压制，后天形成的超我服从社会大的原则同样在限制着本能的展现，除了偶尔合理的、不触犯社会规范的攻击行为，人类凡是对社会群体其他成员的攻击都会受到惩罚。超我伴随着文明而发展，文明又在我们越来越了解自己的时候，给了我们返璞归真的机会，促使我们懂得与自己的欲望和谐相处。

美国人本主义哲学家和精神分析心理学家弗洛姆认为，弗洛伊德对于攻击性的认识存在片面性。前者在《人类的破坏性攻击》中指出，攻击分为"良性攻击"和"恶性攻击"。"良性攻击"是一种反抗式、逃跑式的，它依然是生物本能的一部分，如同大多数动物遇到天敌会全力逃跑、躲藏，借以让自己好好活下去一样，人类在遇到危险时也会退缩，也会逃避。"良性攻击"就像是生命的防御机制，它是生存体制的一部分，完全是应着进化论原则而生的，一旦个体确认自己安全，这样的攻击性就会褪去。而"恶性攻击"并非生存演化而来，它只是为了满足人们残忍的欲望。

实际上恶性攻击也可以做一个区分，一种是天生的攻击性，一种是意识形态对权力的渴望，还有一种是心理层面的心理竞争。大概在4岁左右，人类有了"我"的概念之后，"我"与"他"的竞争便相伴出现了，弗洛伊德说"自我的房子里住着的并不是自己的主人"。对于这一点，弗洛姆提出"心理生存"的概念，如同人要在社会上立足要活下去，心理也要生存。我们对于心理所渴求的东西、能量或者说是刺激，除非我们本身能够制造幻觉蒙骗自己，否则只能通过外部的手段来获取。

如此说来，心理有自己的生存方式，生命活动都有自己的动机，那么心理的动机又是怎样的？"存在性冲动"让我们变得像是弗洛姆所说的"宇宙的畸形儿"，我们存在于这个世界是这个世界的组成部分，我们的思维又常常跳出这个世界去琢磨这个世界，其他动物就不同，它们不会陷入这样的矛盾之中。动物不会去思考广袤的宇宙，它们的驱动模式是本能。人的心理的运转，在自我意识与对象意识出现后变得更为复杂。主体与客体之间是互相证明的，辨别东西南北的前提是要先有一个方向，同理，在我们陷入自我意识和对象意识的交缠后，我们就丧失了附着感，也丧失了存在的确定性，我们只有依赖被秩序化的主客体的结构来建立与现实世界的联系。我们想尽一切办法证明自己确实存在，这就是心理的动力，作为群体中的一员，我们总是害怕面对他人对自己的漠视。存在性冲动驱使我们展现自己的价值，从而回归到竞争层面。

作为社会人的角色，攻击性不可忽视。辣，能够挑起人的攻击性，首先是生理的作用，然后记忆将这种刺激与辣画上等号以至于我们看到辣就有可能产生攻击性，攻击性是本能，但它同样受自我的管制，并非所有的攻击性都会表现为攻击性行为。

你是肉食主义者还是素食主义者？

经常吃素的人素来平和、待人真诚、心态从容，遇到任何事情都不会过度惊慌；经常吃肉的人则不同，他们看起来总是有些急躁、有些固执，遇事不容易冷静。

吃肉对于身体和心理都有很大的影响。我们吃的肉来自动物，动物在生前会吃植物或者其他动物来保障生存，而它们的代谢过程会产生很多不容易排出的毒素，同时，动物体内会存在大量的荷尔蒙、抗生素以及激素等物质，人类摄入之后，这些毒素也会随之进入体内。《大英百科全书》记载，动物的血液和皮肉之中存在大量的细菌病毒等毒素。我们在烹饪肉时，不仅要考虑美味还要考虑安全。另外，动物在死之前一定会经历焦虑、慌张、恐惧、痛苦、愤怒，它们也会害怕死亡，本能的恐惧会导致它们体内激素异常，肾上腺素上涨，就此产生大量毒素，这种因为情绪产生的毒素也会被吃肉的人吸收掉。

心理学领域认为，在情绪的作用下，人和动物都会产生"情绪毒素"。美国华盛顿大学心理学教授埃尔默·盖茨曾经做过一个心理实验，测试情绪变化对于身体的影响：将一根玻璃试管放置于冷水中，让被试们对着试管吹气，若被试心态平和，玻璃试管中收集的冷凝液体会是透明的，如果被试情绪起伏并带有负面情绪，那么吹入试管内的气体冷却后则会呈现出不同的颜色变化。埃尔默将这些冷凝液体叫作"气水"，认为颜色变化或许与化学制剂有关。对采集的液体进行化学分析后，发现带有负面情绪的液体中基本都含有毒素，如果将这些毒素喂给小白鼠，小白鼠会在十几分钟左右快速死亡，怀有怨愤、嫉妒、惊恐等情绪长达一小时的液体能够伤害到十几个成年人的身体。如果母亲在愤怒的状态下用母乳去喂养孩子,更会让婴儿生病或者死亡。

负面情绪是否真的会产生毒素呢?

情绪产生必然会影响生理变化,神经系统、内分泌系统调节全身的反应,如果我们怒气冲天,那我们肯定会紧张、出汗、血压增高、心率加快,甚至会出现头晕目眩的感觉。此外,愤怒也会导致肾上腺皮质激素的分泌增加,使得血液中肾上腺皮质激素的浓度增加,包括甲状腺激素、肾上腺激素等的增加也会产生血糖升高、呼吸加快的愤怒应激反应。负面情绪本身极具"杀伤力",长期处在悲伤、愤怒的情绪之下,身体和心理就会长期处于应激水平之中,进而影响日常的生活质量。

心理学领域认为,人类坏的念头或者坏的情绪会导致生理以及化学物质的变化,从而在血液中产生一种毒素。美国德州大学和加的夫大学合作研究出的结果显示,少年犯罪人员虽然看起来和同龄人一样健康,但是步入中年之后,身体状况就会急速下降,他们产生心理疾病和残障的概率非常大。经过对500多名被观察者长达25年的考察跟踪,美国威廉斯博士发现,对别人攻击性较强、情绪比较坏的人患心脏病的概率是他人的五倍左右。对此,研究针对正面情绪的影响开展了更为深入的探讨,研究人员制定了一套量表,用以测量好的情绪与健康的关系,通过持续追踪比较乐观的人,分别研究他们产生快乐的缘由和快乐所带来的生理变化,发现这些人不仅乐观而且乐善好施、乐于助人。他们在帮助别人的时候会产生正面情绪,心态也会变得非常好,在整个过程中,他们唾液中所含有的免疫蛋白球的浓度也得到了增加。

我们说"善有善报",有时候付出的善行会以心理能量的形式反馈到我们的生理上,心理学领域也一直试图破解宗教与心理的关系。心理学引入了"正念"的概念,神经化学的研究发现,当人们心存正念,情绪很好的时候,体内会分泌出健康的物质,并就此进入良性循环;而当人们产生负面情绪的时候,正向的循环系统会被抑制,身体中释放有害物质的负向系统就会被激活。所以,即便疾病缠身,若能保持积极乐观的态度,对病情的康复也是有所帮助的。

如果将这样的结论套用在哺乳动物身上呢？我们常吃的肉包括牛肉、猪肉、羊肉，这些动物生前的情绪不好观察追踪，死前必然是本能的恐惧，恐惧属于负面情绪，那么就可以推测我们吃的肉中会有动物没有释放完的情绪，肉中残留的激素也会刺激到我们的神经系统，让我们变得固执。吃素食则不同，素食中含有的很多天然成分对我们的身心都是俱佳的养料。草木有灵，同时它们是最接近自然的。

💡 进食也会从众，你的美食偏好可能不是真的！

不管是美食还是其他，我们在与他人的交往中似乎总在不停地妥协，慢慢地，喜好也会随着某些重要的人或事而发生改变。心理学领域称此为从众心理，从众心理是指为了融入社会或集体，个体在认知、行为上所作出的符合群体规则的行为或选择的心理。从众心理的出现有两个原因，一个是通过获取信息认识到自己的认知或者行为错误而产生的一种从众；另一种是不想辜负他人的期望，并以此来获取好感度。

美国心理学家所罗门·阿希设计了阿希从众实验：实验者会将被试分组，每组7个人，在这7个人中只有1个人是真正的被试，另外6个人是助手。给到每组看一条笔直的黑线Y，然后给出另一张图，图中有三条直线a、b、c，让每个人选出与Y长度相等的一条，助手先作答，被试最后作答。通过反复试验，结果表明被试有四分之三的概率选择了助手引导的错误答案，只有四分之一的概率坚持了自己的想法，保持了独一性。

从众心理是普遍存在的，有时候我们也可以利用从众心理来获取自己想要获得的信息。我们往往会迫于社会压力选择从众，因为这样能够减少我们的损失，少数服从多数，展现的就是力量型的压倒优势。有时候我们也会为了讨好某个人而选择妥协，这样我们就可以获得更多的认同感，也能更好地获得对方的好感以减少因为意见不同所带来的摩擦。在某种程度上来说，我们为了获取信息而选择的从众行为会比逃避惩罚来得更为长久，如果我们来到一个陌生的地方，并且无所适从，那么我们一般会选择从众，跟随大多数人，看他们怎么做，以此来尽量获取更多的了解。

从众可以分为真从众和权益从众，真从众是指外显行为和内心都从众的现象，这样的从众不至于引起个体心理的冲突，属于最理想的从众方式。权益从众是迫于群体的压力表现为行为上的认同，而心中的想法是与群体相左的，权宜从众会由于内心看法与自身行为的不一致而造成认知失调。

如果个体对于群体的依赖程度非常高或者个体对自我的评价非常低，那么就更容易产生从众行为。群体的一致性越高也越容易发生从众，在未知即情境模糊的状态下，从众也非常容易发生。

此外，我们对外的趋同反应还有服从、依从、认同和内化。

对于服从和依从而言，最重要的是权力成分。服从是按照他人的命令开展行动，一般来说，服从具有合法的关系。耶鲁大学心理学助理教授斯坦利·米尔格兰姆的服从实验同样选择被试与助手共同完成，采用两两配对的试验模型，被试将扮演教师，助手扮演学生，二人被分到独立房间，彼此之间看不到，但可以听到。"教师"会向"学生"提问问题，"学生"答错，"教师"需要向其施以电击惩戒，且电击程度逐步上升。电击器械其实是假的，助手会故意答错，并发出被电击后的惨叫，而被试则不知情。听到"学生"的悲鸣，"教师"开始承受莫大的痛苦和心理折磨。但研究人员严肃地告诉"教师"，必须将实验继续下去，虽然精神几近崩溃，这些被试还是服从了研究人员的命令，继续实验以至完成。依从是最能体现奖惩的行为，它具有短暂性，其影响也非常小。人和动物都具有依从性，人们会跟随导游的引导进行参观，会为了获得奖励而去做任务。动物也是一样，迷宫实验中受挫的小白鼠会沿着我们设定的路线走以防再次被电击，狗狗为了获得更多的骨头会不停地摇尾巴。服从具有强制性的特点，而依从是内在的，个体和其他人之间并没有特定的关系。

与依从一样，认同需要的仅仅是行动上的一致性，而非认知。认同最大的动力并非奖惩，而是为了与某些群体相像，并以期加入其中。认同是个体相信自己跟随的价值和观点，但这种相信的程度依然不完全，仅仅是希望和被认同者保持一致，即被认同者具有较高的吸引力。通过认同，个体与被认同者建立起某种个体认为的比较满意的联系。

内化是信念的作用，在某种观念的影响下，个体的认知会发生改变，并会将这种观念嵌入自己的信念，成为最牢固最具影响力的部分。内化是非常牢固的影响，内化的对象一般是具有影响力和判断力的人的观念，一旦形成便不容易改变，形成之后也会"切断"与外部的联系，不再受其他因素的影响。内化的动机是希望自己保持正确，内化具有自己的内在奖惩系统。我们相信吃饭必须营养均衡，并且认为这是有价值的，这就是内化。

不管是从众、认同、依从还是内化，都具有它的心理生存价值。一种食物从喜欢到不喜欢的变化，更多的是外在的影响，也许我们必须吃它以保持与朋友的一致性，也许我们了解了吃这种食物真的对身体有好处，也许仅仅是因为喜欢的人爱吃……

相信你也爱吃：虚假同感偏差效应

我们总是习惯性以为自己喜欢的是非常大众的，别人也一定会非常喜欢。现下时兴的"安利"一词就是如此，我们精心准备了想要推荐的内容并且无比自信地认为这是最好的，并将其推荐给他人，不管后者是不是真的喜欢，就算碍于情面的接受，我们也会觉得这是相当成功的"安利"。

很多时候，我们总会怀揣莫名的自信，我们不会在乎这种自信从何而来，又是否有所根据，这一点也不会妨碍我们发挥自信的作用。这在心理学上可以用虚假同感偏差来解释。

虚假同感偏差，又可以称作虚假一致性偏差，指的是个体会认为自己的行为、信念非常普遍，进而会在一定程度上高估自己的想法或者行为，忽视"如人饮水冷暖自知"的认知，就此将自己的特性放大到群体，将自己的观念强加给别人。当然，这也是人们能够坚持自己的信念或者观点的重要方式。

美国斯坦福大学的社会心理学教授李·罗斯为证明虚假同感偏差对人们认知和行为的影响作用，进行了两项实验：

在第一项实验中，被试阅读关于冲突的资料，并被告知了能应对该冲突的两种方法。被试需要回答实验者：

（1）被试认为其他人会选择哪种方式应对冲突；

（2）被试自己会选择哪种方式应对冲突；

（3）被试认为分别选择两种应对方式的人有什么特性。

实验表明，大多数被试都会认为自己的选择是相对普遍的，觉得其他人也会选择与自己相同的应对方式。我们每个人都会以为别人和自己想的一样，而事实却并非如此。这就是在人们思维中普遍存在的虚假一致性偏差。

实验人员同样发现一个有趣的现象，在被试描述对两种应对方式进行选择的人的特性时，多数被试会倾向于将与自己做不同选择的一方极端化，认为不同选择的一方可能存在心理问题。

在第二项实验中，实验人员以挂在身上的巨大广告牌代替了实验假定的情境和纸笔测验。

实验者选定的新被试是一群在校大学生，实验者会告诉被试实验中可以学到东西，实验出于自愿，如果不愿意可以拒绝，被试需要挂上写着"来Joe'餐馆吃饭"的广告牌在校园中进行30分钟的闲逛。餐馆的菜的味道和服务质量将不会被告知给被试。

第二次的实验结果证实了第一项实验的结论。同意悬挂广告牌的学生认为，大约有62%的人会和自己一样愿意挂上广告牌。而拒绝悬挂广告牌的学生则认为只有33%的人才会愿意挂广告牌。

同理，在对特性的预测中，被试也极端预测了持不同观点的人的人格。同意挂广告牌的人无法理解拒绝的人，认为他们是"装模作样"，拒绝的人同样认为那些同意挂广告牌的人十分古怪。

显而易见，他们的预测以及对他人的判断都不正确。偏差是普遍存在的，人们习惯于将一些主观的特点加注在别人身上，也习惯性地相信自己的价值观的普遍性。

认为别人和自己一样还会令个体产生更多的归属感，比如你喜欢吃甜食，你就会觉得周围的人都爱吃甜食，当你得知吃甜食的人更温柔时，你就会把"甜食"与"温柔"这两个信息联结在一起，即吃甜食的人一定也很温柔。我们经常利用虚假同感偏差获得自尊、自信，这也让我们对认同的东西坚信不疑，即便明知自己的观点是错误的，人们还是很容易在虚假同感偏差的影响下去坚持错误的行为。

虚假同感偏差会受到一些因素的影响，表现出来的强度也不同：

（1）当内部归因比外部归因弱时；

（2）某种行为或者事件具有非同一般的意义时；

（3）当个体对自己的观点异常坚定时；

（4）当个体的生活受到极大影响时；

（5）当与个体某种积极的特质相关时；

（6）当个体将某人看作相似时。

虚假同感偏差如同其他的心理学效应一样，适当的应用能够帮助我们解决问题或者带来益处，而应用不当就很可能被"一叶障目"，导致偏听偏见。

当我们需要很多支持与鼓励时，我们可以自己给自己精神力量，这时虚假同感偏差就会帮助我们变得自信、勇敢，克服前进路上的艰难险阻。而当我们的信念背离现实、认知也与现实脱节时，虚假同感偏差就会让我们变得盲目自信甚至自大，看不到问题的本质，造成自身的能力不足以撑起自己的野心。

虚假同感偏差的应用并非完全由我们控制，在我们了解它之前，我们完全是自发的去使用，在了解之后，我们依然无法控制它，只能尽自己所能去调整它。我们无法保证自己的每一个决定都是正确的，理性与情感总在相互纠缠，我们的决定也总被二者拉扯，因此只能多听、多看、多思考，多方面全方位地了解一件事，最后经过慎重的思考做出决定。古人说："兼听则明，偏听则暗"，我们只能尽量避免"偏听"。

我以为你爱吃：撕扯不掉的标签

介于心理学领域的分析，我们认为爱吃甜的人会比较主动，爱吃辣的人会比较冲动，并将此当作对他人的评判标准。实际上，此种理论并非完全客观，若奉为圭臬，那就是犯了"贴标签"的错误。因为每个人的性格成分总是复杂的，我们以对食物的喜好来评判人，难免会过于偏颇。

但当下，"贴标签"似乎成了人际交往中的必要环节，就此造就了心理学中所说的"贴标签效应"，当个体意识到被他人贴上某种标签时，往往会主动做出反应，促使自己的行为或者言语符合标签的内容，以此来进行自我印象的管理。据此，心理学认为，标签是一种印象，具有一定的导向作用。

斯坦福大学心理学教授大卫·罗森汉曾经做过著名的"假病人实验"：他寻找了一位家庭主妇、一名在校研究生、三位心理学家、一位精神病学家、一位儿科医师、一位画家共计八名精神健康的被试，让八位被试去到当地有名的精神病医院就诊，并告诉医生他们有严重的幻听，于是这八名被试都被诊断为有精神疾病并被留在医院接受治疗。在医院接受治疗的八名被试并未继续表现出症状，他们以正常的方式进行生活，然而看护人员却认为"病人"的精神疾病状况加重了，"病人们"之间的交谈也被视为妄想症。因此，他们不被允许出院，即便出院也必须吃药控制病情。

后来，心理学家克劳特就又做了一个关于"假慈善"的实验：首先，他要求被试对实验做出自己的捐献，然后根据捐献情况将其中一些被试分为"慈善之人"和"不慈善之人",另一些被试则没有被分类。当第二次要求被试进行捐献时,那些"慈善之人"明显比第一次捐献更多,而那些"不慈善之人"则比第一次捐献的少很多。这也证明了标签对人们行为的影响。

心理学家斯蒂尔也做过有关标签的研究:斯蒂尔给被试们打电话,并告知他们需参加某个社团,然后透露一些关于社团不好的消息,最后要求被试们帮助社团建立合作社。研究表明,那些看起来不好的标签比那些好的标签能够起到更大的作用,被试们大多都希望为被贴了消极标签的社团主持公道。这说明,如果标签是消极的,反而有可能促使人们的行为向着与标签相反的方向转变。

标签,也可以理解为自我,它确实是一种非常好用的行为管理方式。我们互相贴标签然后分类,这是我们心理的"逃懒",而社会心理学中的刻板印象也完全可以看作是团体标签。如果刻板印象的产生是基于大量的实践经验,那么完全可以用"拿来主义"去解决问题。但是我们在贴标签的同时往往会忽视个体差异,就此造成片面理解,给我们与他人的相处带来负面影响。诚如我们理解的,孩子是天真可爱、少不更事的,因此成人便常常忽视孩子的话语权,在教育的过程中将孩子的主体地位抹杀,完全依照自己的意愿行事,这便会造成孩子对家长的怨愤和不理解。

因此,贴标签存在潜在的危害,这种危害体现为成见威胁和自证预言。

成见威胁是指个体生活在某个环境或者群体之中,当人们形成一种较为负面的固有观点时,个体往往会倾向于按照这样的观点来行动的现象。如果个体被贴上了某种负面的标签,个体或许会表现得越来越差。这与负面期望所带来的消极心理暗示较为相似。

自证预言又叫作"自我应验预言",是指无论他人的判断是否正确,都会或多或少影响个体自身的判断与行为。自证预言影响下的行为确认是指个体努力朝着社会所期望的方向发展的现象,比如被期望守规矩、合礼法的人或许会变得古板和严谨。

丹麦人本主义心理学家索伦·克尔凯郭尔曾说过:"当你给我贴标签时,你是在否定我。"

虽然有些标签是有危害的，但是一直努力去撕掉标签也会失去自我，反而把"去标签"变成了自己的标签。我们需要标签帮助自己获得社会的认同、群体的帮助，以及社会角色的定位，这些都是标签有利的一面。当我们撕掉它时，个体的存在便没有了分类、没有了定义，迷茫便就此产生了。

为什么越辣越爽：吃辣人群的心理分析

从心理学角度分析，食辣引起的味蕾上的刺激其实并非是味觉，而是痛觉。但是人们依旧对寻求这种刺激乐此不疲。

辣椒中有一种可以刺激大脑并使人产生灼烧感的辣椒素，不仅可以刺激大脑还能使人产生"火热"的感觉。当吃过麻辣的食物之后，会有一股暖流流经口腔，人们会不自觉地自己可以成为杂技演员——表演"喷火"，甚至还会面红耳赤、大汗淋漓，这些表现在不怎么能吃辣的人身上则尤为明显。

生物学表明，辣可以刺激人的感官，进而使人体温度上升，所以吃辣在一定程度上可以抵御寒冷，这也是吃辣会汗如雨下的一个重要原因。早期社会，吃辣可以大幅度提高人类的存活概率。随着社会文明的进步和发展，人们将这种习惯逐渐沿袭和保留下来，并以及因的方式遗传给后代，以致后辈人容易接受、适应这种味蕾的刺激，从而更喜欢辣这种味道。

脑科学研究表明，辣椒素具有一定的镇痛作用，可以缓解人体的精神疲劳，甚至还可以促使大脑产生快感荷尔蒙，从而让机体感到心情愉悦，精神放松。这种说法是有据可循的，实验者找到同卵双胞胎进行实验研究，除了相同的遗传物质外，环境因素的影响究竟有多大呢？经过对量化模型的进行分析，得到的结论是：遗传因素对于偏辣喜好的影响占到百分之十八到五十八。由此证明，由于辣造成的刺激引起机体兴奋、产生愉悦感且有一定的遗传性。

人们的本能是会趋利避害的，可是为什么会对麻辣所带来的痛觉的刺激情有独钟呢？

心理学上有"良性自虐"的假说，做一些自己本身可能并不热衷却能带来享受的事情，比如狂吃辣、坐过山车、蹦极、看恐怖片等，这些行为能够让人们的心灵得到满足，所以精神会促使行为重复这些实则会令主体不适的事情。就像每次去游乐场都要坐过山车一样，尽管内心很挣扎，但还是无法抗拒在制高点时身体的失重感。在这个过程内人们心极为恐惧和紧张，甚至还会出现一些负面心理，但是大脑在潜意识里却在提醒自己这是有安全措施的，并不会发生危险。认知和身体处于两个极端状态，由此便会产生兴奋和激动的情绪。与此同时，食辣也是如此。辣椒素会带给人体一种灼烧感，辣引起的刺激会让机体产生防御反映，但是人们本能的知道这是安全的，因此开始享受这样的过程和状态，也就是我们常说的"痛并快乐着"。

当某一外界刺激呈现的频率越来越高，且人们接触它愈发频繁的时候，个体便会愈发喜欢这种刺激，这就是心理学上的"纯粹接触效应"。这就如同，在学生时代，自己于朝夕相处的同桌相较其他同学总能产生更为深厚的友谊。

对于吃辣也是如此，假如家人朋友都是无辣不欢，久而久之在这种环境的影响下，也会逐渐接受和倾向于辣椒。长此以往，可能也会喜欢上吃辣。对于那些不怎么吃辣，也没有被强迫接触这种刺激的人，可能就会长久保持不吃辣的习惯。换言之，如果这类人长期暴露在麻辣的环境中，也可能会逐渐走向喜欢辣的群体阵营。

人们通常会把辣和攻击性联系在一起，诸如，对于那些易怒、暴躁、凶悍、蛮不讲理的人，会被称之为泼辣；那些铁石心肠、手段残忍的人，常被人称为心狠手辣或者心恶毒辣。对此，研究者将被试者随机分为两组，一组观看让人非常愤怒的视频，另外一组接受辣刺激。通过皮肤电反应的结果可以得知：辣刺激实验组的皮电反应变化更高，且"辣"和"怒"有着相同的生理反应。比如面红、血压升高、体温变化、身体发热等等。

风靡全国的一种小吃——"麻辣烤鸡翅"，它的辣度是有等级区分的，从微辣逐渐到"变态辣"，就像一个金字塔一样，尝试到最后的人就是这条"食物链"上最顶端的人。尝试的人一边辣的掉眼泪,一边擦着额头和鼻尖上滚滚落下的汗珠,还不忘喊一句"辣的真过瘾!",仿佛给人一种欲罢不能的感觉。

辣味素可以刺激人们的口腔黏膜,进而产生一种轻微的痛觉促使大脑分泌一种让人心情愉悦的、具有安慰性质的物质,最后使人心情大好。但是引起痛觉的只是轻微的刺激,而心情的愉悦却是莫大的安慰,因此,主体很容易对吃辣"上瘾"。那么"变态辣"广受大家的追捧,这背后潜藏着怎样的心理暗示呢?

心理学家研究发现,人们会借助类似麻辣这种"媒介",满足自己心中对"探险挑战"的欲望。但是冒险有着不可预知的风险,人们会考虑到自身安全进而选择风险最小且能达到兴奋的活动——食用"变态辣"。正是它的出现,满足了人们"安全冒险"的心理问题,通过味觉的刺激就可以获得冒险的体验和快感。或许人们在吃辣的过程中不会察觉到隐藏在"变态辣"背后的心理矛盾,但这些却是真实存在且发挥着独特作用的。

大多数食辣者有着常人不能理解的贪婪,总觉得自己还能尝试更劲辣的食物。吃辣的过程中会毫不犹豫地将自己最真实的感官展示出来,当然也会观察别人在这个过程中的变化,对那些更能吃辣的人投以敬佩和羡慕的眼光。很多类似"麻辣烤鸡翅"这样的店家会在店里设置一面留言墙,方便食辣者在此时留下自己最真实的感受,甚至还会拍下那些"痛苦流涕"的食客的照片,经过食客允许后张贴在店里比较显眼的地方。

食用"变态辣"有时是人们宣泄内心沉闷、低落情绪的一种方式,借助痛觉上的刺激排解心理上的不悦,摆脱那些泛不起涟漪的生活。辣带来的不仅是感官上的刺激,还有心理上对"安全冒险"的满足。相关实验表明,能吃辣或者喜欢吃辣与人们的感觉特质水平息息相关,通过吃辣可以获得一种别样的兴奋体验,满足人们心理上的需求。

CHAPTER 05 心理账户：一道连接心理与行为的桥梁

　　人在受到美味刺激的时候会产生愉快、满足或者其他的心理体验，但是人的感官灵敏度是有限的，对于不同的味道每个人表现出的反应也不同。此时，人们的心理状态就会对生理味觉产生很大的影响，有时候仅仅只是看到一张食物的图片就能影响我们在生活上的行为或者决策。

　　一个人在社会中的生存态度和方法有很多都隐藏在吃里面，人们的不同气质和性格也在吃喝中逐渐养成。酸甜苦辣咸，对应着人们的不同心情。人的性格本质与他的喜好是非常接近的，我们能根据人对于不同味道的喜好来判断一个人的性格。

利他行为——吃甜食的外化表现

《个性与社会心理学期刊》中发表过这样一个观点：爱吃甜的人会更富有善心，更加喜欢从事志愿活动，更愿意帮助别人。那么这类人从事志愿活动的心理是什么？动力又从何而来呢？

志愿活动具有利他性。从社会心理学的层面来讲，利他行为具有无私性，是只对他人或者群体有好处，自身不求回报的行为，利他行为会在一定程度上损害自己的利益，可能会耗费自己的时间、精力或者金钱，由此可见，利他行为还具有自我牺牲的特点。

共情心理学家巴森特认为，利他主义者在看到其他人陷入困境时，会产生两种心理：一种是因为他人的困境致使个体产生了自我心理的困扰，这种情况下的利他行为是为了减轻个体自身的焦虑；另一种则是不忍他人身处困境而产生移情，这种情况下利他行为的产生完全是为了减轻他人的痛苦。根据利他行为的动机不同可将其分为自我利他行为和纯利他行为。美国哲学家威尔逊则根据社会关系的亲疏将利他行为分为有条件的利他行为和无条件的利他行为。无条件利他行为是完全自发的，不需要任何奖惩机制，主要存在于亲属之间，是真正的无私与忘我；有条件利他行为是社会契约之下的互惠互利，实质上是"自私"的利他行为。在心理学中，还可以根据当时情景的紧急性，将利他行为分为非紧急情况下的利他行为和紧急利他行为。

利他行为的出现受到救助者、被救助者、环境三个方面的影响。

社会的利他行为需要付出一定的代价，我们所做的利他行为是根据我们所付出代价决定的，即"值不值得"的问题，这也是一个非常个体化的问题。

利他行为的产生与救助者的心境也存在紧密的联系，救助者的心情好或者行为本身正义，一般都偏向救助他人。吃糖往往会让我们感到开心，生理遗传的长久"饥饿"也会因糖分而得到缓解，也就更乐意开展惠及他人的行为。救助他人会在一定程度上消除自己的"内疚感"，这种内疚感并非是指我们造成了被救助者的不幸，它属于一种不良情绪。能力越大，责任越大，如果我们拥有更多能力，便会被无形中赋予更多的责任，而责任将会驱使我们帮助别人。

对于被救助者来说，他们的性别、年龄、归因情况等是救助的影响因素。如果被救助者是女性，那么她得到帮助的可能性会更大些，作为救助者，女性也比男性更富有同情心；以貌取人在此依然适用，被救助者的样貌是否吸引救助者也是很重要的一点；如果被救助者的不幸是客观的、不可控的因素造成的，那么他得到救助的可能性也更大；老人、儿童等弱势群体也是救助者的优先选择对象。

在任何事件中，环境都是不可忽视的条件。环境中如果存在很多噪音，我们帮助别人的倾向也会降低。独自一个人与和群体在一起所表现出的利他行为也是不同的。一般来说，在人比较多的时候，由于责任扩散效应，我们往往会抑制自己的利他行为。但是，如果群体中有人展示出了榜样力量，那么我们也会非常容易做出利他行为，这一点更类似于认同心理。

心理学界对于利他行为的解释具有多面性。

部分心理学者认为，利他行为是一种本能，动物也具有利他行为，由于亲缘的差异性，动物之间的利他行为是不等的。动物往往根据本能行事，而人则可以觉察到利他行为背后的动机。生物学家汉密尔顿认为，利他行为来源于"亲选择"，在亲子之中，母爱是支撑这种选择的基础，兄弟姐妹之间的基因也具有相似性，所以也存在着相互的利他行为。任何物种都具有这样的行为，达尔文认为这种行为并不会扩散到亲缘以外的其他同物种群体。科学家指出，企鹅具有公共育儿系统，在成年企鹅去觅食时，其他成年企鹅会帮忙照看小企鹅，但是觅食回来的成年企鹅只会呼唤自己的小企鹅，不会投喂其他小企鹅。这一点很像无条件理他。而蚂蚁和蜜蜂则不同，它们表现出来的利他行为是扩散到整个社群的，在基因层面上来说，整个社群的蚂蚁或者蜜蜂的基因都具有相似性。亲选择在动物界似乎说得通，也许是因为人拥有更高级的认知系统，使得亲选择理论无法进一步解释人类利他行为与亲密度之间的关系。

同样与生物学相关的利他行为的解释是互惠利他。生物学家特里夫斯认为，生物之间存在互惠的需要，就像小鸟帮助犀牛捉虫既填饱了肚子又让犀牛觉得舒服，这种互惠可以存在于两个毫无亲缘的动物之间，也可以存在于一群动物之间。狼群喜欢一起出动，群体协作使得他们捕杀猎物的活动更加容易。互惠利他一般存在于较小的群体之间，且不存在阶级性。亲缘利他行为不需要回报，而互惠利他更像是一种投资，双方都需要付出并且要看到回报。在各种族之中，亲缘利他与互惠利他同时存在，亲缘利他可能首先出现并且对于互惠利他具有启示作用。

利他行为的产生原因多半源自社会。人们先从父母那里学习到对与错的规则，然后在融入社会的过程中了解社会约定俗成的规范，等这些规范被我们自身认同，我们就会依照社会规范去行事，助人为乐的道德观念便会造就人的利他行为。社会道德中的互惠规范也会期望人们互相帮助、互相取暖，对于帮助过自己的人要"滴水之恩，涌泉相报"。社会榜样的力量被视为规范言行最有效的助益。

能"吃苦"的人，普遍心理阴暗

嗜好苦味的人或多或少存在一些心理阴暗面。奥地利因斯布鲁克大学的两位心理学教授克里斯汀娜和托比亚斯·格雷泰耶对1000位被试进行了两次独立测验验证了这一点。第一次试验中给到被试一串食物清单，包括巧克力蛋糕、醋、辣椒酱、咖啡、牛奶、苹果等几十种包含酸、甜、苦、辣、咸五种味道的食物，被试只需要根据自己的喜好进行打分，区间为1—6分，1分为非常讨厌，6分为非常喜欢。被试在选择完毕之后会接着进行四项独立性格测试以及精神病态方面的测试问卷，包括"如果他人对我进行人身攻击，那么我也会这样对待他们"来测试攻击性；"我会借助他人的力量来达到自身的利益"等问题测试马基雅维利主义，以及关于被试外向性、责任感、情绪稳定程度、日常行为的测试。实验结束后对两组结果进行相关计算。第二次试验与第一次试验相同，只是食物选项减少至一半，评分等级增加到7级。两次实验结果表明，实验中苦味食物评分较高的人更具黑暗性，精神病态测试结果中有变态倾向。喜欢喝苦咖啡的人可能具有马基雅维利主义和自虐倾向。

马基雅维利主义是指个体利用他人来达到自己的目的的一种心理或者行为倾向，包括利用他人来适应社会和操控他人。意大利学者马基雅维利认为：人类是愚不可及的，永远有无穷无尽的欲望和越来越膨胀的野心，也因此，道义是不存在的，人类行善和帮助他人也只是为了利益，获得名声和地位。在他的理论中，堕落是天性，主张"人性本恶"，完全抹杀了人类善良友好的利他主义。该理论便被称为"马基雅维利主义","马基雅维利"就此成为权术的代名词。嗜好苦味的人或许是控制型人格,更喜欢掌控别人。

  实验结果表明,吃苦也会表现出更多的攻击性。我们在焦虑或者紧张的状态下,味觉会发生变化,对于苦味的感知也会更加灵敏。心理学领域曾经做过这样的实验:将自然界最苦的龙胆根做成茶给到被试来喝,对照组为白开水,然后让被试进行问卷测试以进一步了解苦味与敌意之间的关联。结果证明,喝过苦茶的人会更加具有攻击性和侵略性。

  当然,吃苦并非全然没有好处,苦瓜这种纯天然的苦味食物,能够在炎炎夏季帮助我们清热降火、清心明目。吃苦味与心理变态之间确实存在某种关系,但我们仍然没有充分证据表明二者之间的必然联系。套用心理学的宏观说法,"我们每个人都有心理问题",只是大部分人还能维持心理水平的稳定状态。再者,调查问卷具有一定的缺陷——缺乏客观性。最重要的是,我们每个人都具备与生俱来的与众不同的味觉感受,如同有些人对辣味的接受程度大,有些人的接受程度小,也许有些人的苦味感受器并不灵敏。美国科学家阿瑟·福克斯博士对苯硫脲的苦味测试也证明,大约百分之三十的人尝不出苦味,顶级品酒师往往天赋异禀,他的味觉其实比普通人要灵敏得多。

  我们常说吃苦耐劳,"不经历风雨怎么见彩虹",只有经过挫折才能感受到平顺的美好,事物就是如此对立而统一。连圣人都说"天将降大任于斯人也,必先苦其心志,劳其筋骨,饿其体肤,空乏其身",在锻炼意志磨炼自己的道路上,"吃苦"还是很必要的。一杯清茶,苦、甜、涩融于一身,就像人生,评茶师能看到茶的优劣,普通人能喝出滋味,智者能品出人生。

爱吃辣的人更愿意寻求刺激

心理学领域认为，感官刺激会影响我们的认知活动，吃辣产生的感觉真正意义上属于痛觉与热觉，会在一定程度上与记忆中偏向"攻击"、"刺激"的感觉建立联系，触发个体寻求刺激的心理。

喜欢刺激的人多半拥有精彩的人生，有些人喜欢蹦极攀岩这种极限运动，有些人愿意穷尽一生对学术进行更深入的探索，也有些人想要尝遍天下美食……也是一个挑战。挑战固然伴随着痛苦，但痛感与存在感是共存的，安全感有时会意味着麻木，平淡无味的生活似乎会让人失去斗志，丧失存在感，而存在感的丧失会产生各种各样的心理问题。

存在主义心理学是被存在主义影响而产生的，它更注重人的自由。罗洛梅是存在主义心理学的代表人物，也是连接存在主义心理学与人本主义心理学的桥梁人物。罗洛梅认为，人都具有自我存在的意识，这也是人与动物的区别之一，存在感即经验，是指能够意识到自己的存在，能够进行自我感应的整合活动。个体的存在意识能够串联个体的各种经验，并且能够将主客体建立联系，体会自身存在的同时联系到社会、自然与宇宙星空的存在，意识到自己相对广袤的宇宙只是尘埃一般的存在。判断一个人的心理健康状况，可以看他对自己存在感的认同程度，如果个体存在感非常高，那么个体心理上的相对自由度也就越高，这个人也会具有更高的意志和更好的创造性。相反，若一个人对于自己的存在感非常低甚至于否定自己的存在感，那么这个人的心灵就会相当贫瘠，更无法为自己、为社会创造更多的价值，心理上也会出现失调的状况。

　　罗洛梅认为，存在的特征是自我核心、自我肯定、参与性、自我意识与焦虑。每个个体的自我都具有独一无二性，我们需要接受自我的独特，出现心理问题并非对外界环境的适应出了问题，而是对外在可能威胁到自我独特性的因素的一种逃避，个体会认为神经症是保护自我独特性的一种表现。自我肯定就是一种自信，它可以理解为保护自我独特性的一种坚定、不可动摇的勇气，如果不够坚定，那么很容易就会被动摇、被影响。参与是个体必须生存于世界之中的条件，个体在自我的独特性得到保持的情况下，又必须依存客观世界去生活，保持心理存在的生理基础，保证内部与外部能量的流通。当然参与也需要适度，过分的参与会迷失自我，过少的参与又会导致交流缺乏，个体的正常发展也会受到影响。打个比方，我们听故事的时候往往会将自己代入角色，适当的情感卷入会让我们感受到故事的精髓、人物的喜怒哀乐，而过分的情感卷入则会让我们整日沉迷，难以分清现实与故事。

　　吃辣是为了追求刺激，证明自身的存在感。吃辣的时候，个体会接收到诸多的痛感，痛感证明着存在，当我们情绪低落、焦虑难安之时，普遍会选择吃辣或者剧烈运动来造成精神上的紧张感，以此加固对自我存在的肯定心理。

　　存在主义关注自我，也关注对死亡的认识。同为存在主义心理流派的欧文·亚隆更加关注人类对死亡的恐惧。弗洛伊德认为人具有死的本能，这种本能体现为追求刺激，那么，从这个角度理解，吃辣也是死本能使然。当我们意识到自己活着，我们也必然在体验死本能。欧文·亚隆认为，存在主义的主题就是对孤独、死亡、无意义和自由的关注，这是生命的终极关怀。如同人们对生的认识、死亡的焦虑会贯穿一生，并藏在潜意识之中蠢蠢欲动。多数情况下，死亡会透过焦虑转化成外显的各种症状，也许是抑郁也许是躁狂，欧文·亚隆帮助缓解了无数咨询者面对死亡的恐惧，他自己也从不逃避谈及自己的死亡。欧文·亚隆认为，直面死亡并非是打开潘多拉的魔盒，而是以更丰富的方式、更富有同情心地重返自己的生命，体验存在的美好。

　　我们害怕痛，也追求痛。困难意味着挑战，我们往往又深爱各种挑战，挑战的过程就是寻求刺激的过程,挑战成功,我们往往能获得精神上的满足,体验平静的回归。吃辣是所有刺激挑战中付出成本比较小的事件,当辛辣的美食入口,舌尖就无法停止这样的灼痛体验,而这样的刺激便会带给我们强烈的存在感。当我们真正了解了刺激的内在意义,就可以向更深处探索自身的意义,进而认真努力地活着。

苦味会悄悄"夺走"你的幸福感

痛与苦，是感官能感受到的知觉体验，也影响着我们对幸福感的体验。

吃苦的食物时，感官体验到的苦味很容易与记忆结合，远古时期，"苦"就被认定为危险，所以在吃苦的食物时，我们往往会感觉到压力。心理调查发现，当生活非常幸福快乐的人尝到苦瓜汁之后，会提升他的存钱欲望，当生活不够美满或者情绪悲伤的人尝到苦瓜汁时，会降低他存钱的欲望。当我们感到快乐的时候尝试苦的食物，也许是忆苦思甜，便会倍加珍惜现在的幸福，存钱的意向自然也会提升。当我们感到痛苦时再去尝试苦的食物，痛苦就会叠加，我们会感到更多的压力，这时候，我们或许会采取更多的行为去减缓这种痛苦，也或许会坠入一蹶不振的深渊。

对于幸福感，我们常常向外界去寻求，通过比较去获得，那么，幸福感到底是怎样的机制呢？

从心理学角度来看，幸福感是个体的需求得到满足时的一种心理状态，是包含情绪、认知、动机等多个方面的多层次的体验。

从外界所寻得的幸福感是以观察者的价值体系为标准的，而不是从被观察者的体验出发，是"看"出来的幸福美满。美国临床心理学家科恩认为，快乐就是得到了自己希望得到的东西，这个观点并没有考虑到主体得到之后的主观体验。亚里士多德认为，评价幸福感的标准应该是"价值"。也有些人习惯将他人的成功状态作为幸福感的评判标准。因此，不同的人以不同的标准去评判别人的幸福，所得到的评判结果也是不同的。两千多年前的古希腊，哲学家们在探索哲学的道路上也常常以自己的评判标准来定义幸福。哲学家苏格拉底并没有著作流传于世，后世对他的认识皆来自柏拉图对其语录的整理，从中看出苏格拉底注重知识，认为知识与智慧就是幸福。柏拉图则认为幸福让人更加完美，幸福彰于美德。先贤的探索具有开拓性的意义，而幸福感于个人而言，准确地说应是"如人饮水，冷暖自知"。

以内在情绪的体验作为测量幸福感的标准，将正性情绪与负性情绪简单相加作为评判标准，也有很多学者坚持这样的看法。先哲赫拉克利特认为幸福不仅仅是肉体上的快乐，感官的愉快也不完全代表幸福。唯物主义哲学家德谟克利特则认为正直与谨慎才能真正给人幸福感。先哲伊壁鸠鲁则认为，幸福就是快乐，快乐是我们一切活动的追求。

凭借个体的自我判断标准界定幸福，是大多数人采用的方法。这种方法更侧重个体的感觉，不是从简单的维度去测量，也没有依附他人的评判标准，反而相对更全面些。主观幸福感具有整体性、主观性、相对稳定性的特点。幸福感的测量是综合性的，正性情绪与负性情绪分属不同的维度，个人生活满意度也在影响着幸福感，幸福感的测量大多采用主体报告的形式。心理研究发现，幸福感在短期内会受到情绪等因素影响，但主观幸福感会呈现比较平稳的态势。

由于对主观幸福感研究的角度不同，也形成了几种不同的理论观点。

判断理论：主观幸福感来源于比较，存在某种标准，个体将自身的情况与之进行比较，当自身情况比标准高时，个体便会产生较高的主观幸福感；若自身情况比标准低，个体的主观幸福感就比较低。使用怎样的标准是这种理论的基础，标准不同，侧重点也就不同，从而又分为自我理论、适应理论、社会比较理论等。自我理论偏重自我的统一，如果现实自我与理想自我不和谐，那么个体的主观幸福感也就比较低；适应理论侧重当下的自己与过去的自己做比较，属于纵向的比较，适应是人生存的一种本领，当某些应激事件重复出现时，个体会慢慢适应并且不再拥有像第一次接触事件时的较为激烈的情感反应。人的适应力可以逐步强化，根据调查，生活中的事件能够影响到幸福感的可能性比较小；社会比较理论侧重个体与社会其他成员的比较，属于横向比较，"比上不足，比下有余"，心理学研究发现，个体与他觉得比自己幸福的人比较，会拥有更低的幸福感。若是个体与不幸福的其他社会成员比较，就会拥有更多的幸福感。

目标理论：需要能否得到满足和目标是否得到实现是主观幸福感的主要来源。弗洛伊德的本能论提出性本能的满足是幸福感的主要来源，而文明的出现意味着共同的社会规则，这些限制了本能得到满足，也就造成了幸福感的降低。后来发展出的人本主义流派，马斯洛的需求层次理论将个体的需求分为从低到高不同的五个层次，当人们达成低层次的生理需求时，会获得相应的主观幸福感，转而追求更高层次的安全需求，再接着就是情感归属的需求，每当达到一个目标，就会寻求更高的需求目标。马斯洛的需求层次理论更加关注人本身以及人的价值。目标影响幸福感的中介是自我效能，自我效能感越强，体验到的幸福感也就越高，越是靠近或者实现目标，个体就会拥有更多的正性情感，也会拥有更多的幸福感。

活动理论：与目标理论相反，活动理论认为幸福感产生于完成目标的过程中，比如运动的过程往往比运动达到的目标所带来的快乐更多。该理论认为有价值的活动本身才是快乐的真正来源，即当人们进行某项活动时，若个体的个人能力与活动的难易程度达到匹配，"幸福流"就会随之产生。面对过于容易的活动，个体会感到枯燥无味。面对过于困难的活动，个体会感到急躁。

特质理论：人们具有寻求快乐的倾向，人格中存有积极的特质，越是积极也就越快乐，幸福就是以快乐的方式进行反应的倾向。伦敦大学心理学教授安德鲁斯和维西发现，某一特定领域的成就感或者幸福感并不会影响个体整体的幸福感，而且某一领域的幸福感来源于整体的幸福感。通过对记忆网络的研究发现，个体的记忆网络分为积极的记忆网络和消极的记忆网络，所以个体对于事件的反应也被分为积极反应与消极反应。拥有快乐特质的人一般积极记忆网络比较大，他们在面对积极的事件时能反馈出更多积极的反应，积极记忆网络即便在面对倾向不明显的事件时也能够发挥作用。

格雷认为个体有两个动机系统：依靠奖励发挥作用的行为激活系统和依靠惩

罚发挥作用的行为抑制系统。对奖惩的感受性是因人而异的，主观幸福感比较高的是对正性情感敏感的外向者和对负性情感不敏感的非神经质稳定个体。

诸多心理学家也提出了类似的理论，多为性格对主观幸福感的影响作用，这一理论具有一定的实际价值。

状态理论：不同于特质理论从上到下的顺序，状态理论是从下到上的理论。各种简单的快乐因素相加共同构成整体的幸福，幸福相当于快乐与痛苦的简单运算，二者做减法所得出的也就是幸福。情绪是可调节的，悲伤痛苦的消极情绪可以利用意志来进行心理调节，从而产生快乐情绪较多的结果，这样经过运算后，得出的幸福感往往也比较高。意志调节情感是实际可行的，状态理论同特质理论一样都是有操作意义的。

动力平衡理论：每个人都有建立在个体稳定特点的基础之上的平衡事件水平，受事件影响的个体的主观幸福感的总体水平是稳定的。无论何种事件都有可能降低、提高或者保持个体原本的幸福感水平。事件若处于偏离平衡水平的状态，那么主观幸福感也会随着它的降低而降低或随着它的提高而提高。稳定的人格特质在其中起到调节的作用，个体主观幸福感偏离平衡水平的状态不具备永久性，在偏离一段时间之后会恢复到平衡状态。目前，尚无足够的证据支持动力平衡理论，因此其具有一定的局限性。

主观幸福感作为一种心理体验，如同众多的心理活动一样，既受到个体内在因素的影响，也会受到外在因素的影响。如果我们内心十分愉悦，此时若是吃了黑巧克力，使得苦味作用于神经系统，勾起记忆中的某些关联事件，产生与过去做对比的活动，因为个体当下是愉悦的，那么个体就会侧重于"积攒"并珍惜当下的快乐，个体也会拥有更高的幸福感。反之，心情不好会使得主观幸福感波动处于平均水平之下，这时候若我们尝到苦味的食物，使得苦味与记忆相串联，对比之下，个体便会更加侧重消极的体验。

前景理论——美食的"大小"概念

影响一道美食的,除了食材、烹饪手法、用餐心情之外,餐具也是一个关键因素。餐具的选用看似微不足道,却能影响食客的用餐体验。把握好餐具,可以给美味加分。

如果有两份冰激凌,一份冰激凌有7盎司,但是装在5盎司的小纸杯里面,另一份冰激凌有8盎司,但是装在10盎司的纸杯里面,两份冰激凌是同样的价钱,我们一般会如何选择?

事实上,心理学家也做过这样的小测验,绝大多数人选择了7盎司的冰激凌,因为他们觉得7盎司的冰激凌更大些。

同样的食材,几乎同样的价钱,人们更乐意点一份火锅而不是一份麻辣香锅。火锅的吃法和麻辣香锅不同,前者用餐的时长,以及亲自涮煮的用餐体验总会给人带来"更加值得"的感觉。

这说明,我们购买东西的选择并非是完全理性的,而我们所做的每一个决定都带有非理性成分。决策充满不确定性,容易被外在的因素影响;再者,决策的主体是人,也会带有个人的主观偏好;决策还具有路径依赖性。路径依赖分为动态的路径依赖和静态的路径依赖,前者是指模仿和学习的过程,后者是指人们被迫锁定在某种效率比较低的模式之中。路径依赖在很多方面都有体现,例如对过去某个动作的再现,上瘾的形成就是路径依赖的过程。路径依赖具备一定的理性,模仿他人或者自己的成功经验,可以"少走弯路"。

理性的决策具有规范性和指导性，采用期望效用值理论的规范模型来描述决策的方法广泛应用于经济学、心理学领域，通过期望效用值理论，人们在掌握一件事发生的确定性和不确定性的概率的基础上可以计算出这个人的主观偏好。

人们的很多消费行为往往带有冲动性，这便使得理性决策出现了一定的局限性。因此，卖家便会致力于引导消费者的冲动性促使其购买商品，美食也是一样。我们在做出决策时需要考虑各方面的因素，但我们所能获取的客观因素是有限的，就像我们去买羊肉串，我们能闻到香气、看到烤羊肉串的店家、了解一些其他食客的评价，但我们无法了解有关羊肉串的所有信息，我们只能根据已经获取的有限的信息做决策。再者，我们每个人的能力都是不同的，同一个人在不同的场景中做决策的综合能力也具有局限性。经济人决策模式（收益最大，损失最小的决策模式）是最优的决策模式，而我们却更倾向于采用满意决策模式。苏格拉底的三个学生曾经请教过他如何获得成功，苏格拉底让三个学生去麦田里拾一株最大的麦穗，只允许摘一次。一位学生刚刚进麦田就摘了一株，但是里面还有更大的；另一位学生进入麦田后就一直往里走，想着后面一定还有更大的，结果在途中错过了很多大麦穗；最后一位学生在进入麦田后，理智地分析了麦穗的大小分布规律，然后在某一段麦田中摘取了一株大麦穗，这株麦穗或许并非整个麦田里最大的，但确实是这个学生能够摘取的最满意的一株。这就是满意决策的体现。

当然，理性决策也未必是最好的决策。美国密执安大学的卡尔·维克教授转述过一个BF的心理实验，即蜜蜂和苍蝇的实验。在我们现有的认知里，蜜蜂的智力比苍蝇要高，将数只蜜蜂和苍蝇装进玻璃瓶中，放置在光线暗的地方，瓶底要给出亮光，随后打开瓶盖，结果几分钟后苍蝇都飞出来了，蜜蜂却困在瓶底。实验人员认为，蜜蜂喜欢光亮且具有逻辑性，它们坚持认为瓶底的光亮处就是出口，而苍蝇只是乱飞，却往往能误打误撞地出来。遵循"理性"，并在惯性思维下的决策往往会造成失误，所以很多团队在做决策时不仅需要理性建议，也需要超越理性的大胆性建议。

瑞典皇家心理学教授丹尼尔·卡尼曼将心理学引入经济的决策判断之中，也因此获得了诺贝尔经济学奖,他提出了结合心理学和经济学的前景理论。如果说期望效用值理论是帮助人们明确应该怎样做,那么前景理论就是教会人们怎样去实际操作。前景理论属于描述性范式,用以修正主观期望效用,指出决策的过程分为处理信息的编辑和判断信息的评价两个过程。

前景理论中关于价值函数比较重要的一点为:当我们做出决策,我们评估的并非是真实结果的价值,而是这个结果对于我们的主观价值。以情景举例:情景一:我们有百分之一的可能性损失500元或者另一个选择有百分之九十的可能性损失10元。情景二:我们有百分之一的可能性获得1000元或者选择另一个有百分之百的可能性获得50元。经过试验,大多数人在情景一中偏向选择概率大的事件,在情景二中偏向选择小概率事件。前景理论认为,如果事件的产生概率非常小,我们会主观地放大这个概率。就像买彩票一样,中大奖的概率是非常小的,但我们总抱有侥幸心理。

前景理论对于价值函数的描述最本质的就是参考点,我们在做决策时,要受到决策前的状态和决策后可能发生的变化幅度的影响。如果我们有百分之八十的可能性会损失2000元,有百分之百的可能性会损失1000元,经过统计,大多数人会选择概率较低的,即损失2000元。当两种选择同时降低概率,变为百分之二十的可能性损失2000元,百分之二十五的可能性损失1000元,经过统计,大部分人会选择损失1000元。这说明,人们往往能够承担更高的风险。

前景理论提出,人们的决策存在分离效应。美国行为科学家阿莫斯特沃斯基和卡尼曼通过实验证明了这一点:给被试呈现两个场景,两个场景中都会设定给到被试一定金额的现金。第一种场景是:被试现在有1000元,然后需要从百分之五十赢1000元和百分之百获得500元中任选一项。第二种场景是:被试拥有2000元,然后需要从百分之五十损失1000元和百分之百损失500元中做选择。两个场景是类似的,只是初始的金额不相同,如果被试在第一个场景中选择获得500元,在第二个场景中选择损失500元,或者第一个场景中选择获得1000元与第二个场景中选择损失1000元,最终的总金额是一样的,但明显被试做了相反的选择。

芝加哥大学萨勒教授提出"心理账户"的概念,人具有有限理性,同样的

100元进账，捡到的和自己工作报酬得来的意义与分量是不同的。一份冰激凌，奖励所得和购买所得吃起来的心理体验也是不同的。

卡尼曼对做结肠镜检查的患者做过体验调查，患者可以选择结肠镜检查，亦可以选择钡餐，前者的检查过程比较痛苦。结肠镜检查结束后，有些患者的检查会被延长，即检查结束不立刻抽出管子，而另一部分则不做延长。通过调查，延长检查的患者第二次依然会选择结肠镜检查，他们认为延长后的感觉不是那么难受，而没有延长检查的患者则倾向于选择钡餐。卡尼曼认为，我们在体验过某件事之后，由于时间长短不同，最后的感觉最为关键，我们会记住最后的感觉，以此作为下次做决定的参考。

前景理论给我们的启示：厌恶损失，损失给我们带来的伤害比收益带来的满足要更明显、更强烈。面临收益时，我们更倾向于规避风险，而面临损失时，我们却更偏爱风险。分离效应，我们在选择时很容易忽略相同条件，转而在意不同的部分，就像我们选择用不同容器盛的同样分量的食物一样。我们总是习惯性放大事件的概率，而对于绝对确定的事件却往往不愿意考虑，新的美食店开张，买一送一或者满减，只要是这样的确定宣传，大多数人都会去尝试。

美味的主观体验与时间长短的关系

为什么泡面要三分钟而不是五分钟呢？其实，泡面或者煮方便面在五分钟后的味道还算劲道，而三分钟即食的概念是泡面的发明者即日本方便面著名品牌"日清"的创始人安藤百福通过观察总结消费者心理后制定的。三分钟仅仅是一个心理技巧，安藤百福认为，三分钟的等待会让泡面显得更加美味。在三分钟内，人们受到泡面的香气刺激，会对其更加充满期待，等到真正吃到的时候会得到更多的满足感。而超过三分钟后，人们对于等待的耐心就会下降，甚至会诱发焦虑而取代或者减弱对泡面的期待，使得泡面带来的愉悦感大大降低，泡面与味蕾碰撞带来的味道受到愉悦感降低的影响，也就变得不是特别美味。

如果你热爱美食，厨艺精湛，那么下厨所耽误的时间会流逝得相当快，如果你不喜欢下厨，那么做饭的时间就会变得相当难熬；如果我们去享受一顿盛宴，用餐的时间往往是相当快的，如果我们仅仅是被动赴约，那么一顿饭的光景又会变得十分漫长。

我们无法颠倒黑夜和白天，也无法控制时间的快慢，但奇怪的是，我们却能体会到时间那恒久不变的速度似乎变快或者变慢了。

当我们从事自己感兴趣的事情时，时间会过得飞快，而当我们去完成某项任务或者自己不感兴趣的事情时，时间则会过得相当慢。对于这个关于时间的小把戏，心理学领域可以从情绪和主动性等方面进行解释。

《情感神经科学》的作者雅克·潘科赛普，在著作《精神病学中的情绪内表型》中，将人类的基本情绪分为了七个子系统：期待、追求；贪心、爱欲；养育、抚慰；欢乐、安全；气愤、暴怒；害怕、焦虑；孤独、惊慌。适用于包括人类在内所有的哺乳动物。

七类情绪又可以分为生物学阳性情绪和生物学阴性情绪。前者是指由生命体的本能驱动的情绪，如饥饿、性、渴等最基本的需求带来的生命的驱动力，是个体的需要得到满足时所产生的情绪。这时人们的情绪会呈现出愉悦的状态。后者是指当人们遇到危险或者困境时为了摆脱危险而产生的情绪，这种情绪也会伴随着攻击行为出现。

七类情绪分别对应不同的脑神经基础。心理学对于快乐的认知是：在保障食物和安全的情况下，生命体之间会通过相互之间的嬉戏打闹而产生快乐的情绪，间脑的背内侧区和下丘脑是快乐的基本脑区，甲状腺激素的释放会刺激神经系统使人感到快乐。快乐的情绪就像一种奖励，一旦达到某种快乐的状态，人们就会变得更加积极，大脑对于时间的概念也会受到影响，时间就会过得很快。情绪产生时，人们依然秉持着"趋利避害"的原则，生物学阴性情绪往往会让人变得不耐烦，这样的情绪并未给到大脑任何奖励，看起来反而像是惩罚，人们会迫切想逃避这样的惩罚，无形之中便把时间"放慢"了。

2012年，伦敦大学神经科学家帕特力克·哈格德首次提出人们在主动行动的过程中会感受到时间缩短的现象。他设计了一个实验，参与实验的被试需要根据要求按压一个能够延迟时间发出声音的按钮，被试需要估计按下按钮与发出声音间隔的时间。实验人员发现，当被试被动按按钮时预估出的间隔时间要比主动按按钮预估出的间隔时间要长。在实验中，如果给被试设置一个由脑电刺激而触发按钮的对照组，对照组将不会感受到间隔时间的长短。所以，哈格德等人据此提出，决定人们感受到时间缩短的是人们是否具有主观的愿望。

后来，埃米莉·卡思帕等人将哈格德的研究与著名的电击实验相结合，实验发现，当被试主动电击"受害者"时，他们会感到时间非常短。当被试在不可抗拒的要求下被动电击"受害者"时，时间差会变得很长。这说明，在人们的主观愿望被忽视，或被迫去做某件事时，感受到的时间往往是非常长的。我们常说"一日不见，如隔三秋"，除了情绪使然，主要原因是相思并不是人们愿意承受的。

我国心理学家、中科院心理研究所傅小兰教授在类似的实验中同样证明了时间缩短与主观愿望的关系。

英国哲学家休谟认为，人们往往会对时间上相邻的两件事产生知觉中的因果关系。美国心理学教授艾里克·诺勒思也公开发表了这一发现。卡迪夫大学的心理学教授马克·波纳认为，这一理论反之也是成立的，并提出了著名的时间压缩理论：当人们知道两件事物之间存在因果关系时，人们会尽可能地减短两件事物之间的时间差距，而且不论事件是否符合人们的主观愿望，只要二者之间存在一定的因果关系，我们都会对事物的结果和时间本身产生一种缩短的感觉。

不仅是时间的感受，我们的味觉、嗅觉等多种感觉都会受到我们主观愿望的影响。

越吃越爱吃：狄德罗效应

吃货的圈子越来越大，似乎也越来越不容易满足。心理学上的狄德罗效应恰巧可以解释这一点。狄德罗效应于18世纪，由法国哲学家丹尼斯·狄德罗发现，指的是某些东西在没有得到的时候往往都是美好的，一旦得到，享受过拥有的快乐，就会希望长长久久地拥有甚至拥有更多，这是一种"越是得到越是不满足"的心理。

狄德罗效应的发现过程非常有意思。某一天，狄德罗的朋友送给他一件质地精美且做工考究的睡袍，收到睡袍的狄德罗非常开心，对这件睡袍爱不释手。可当他穿上这件精美的睡袍在自己的书房里踱步时，他感觉周围的一切都不对劲，地毯旧的针脚都出来了，家具也有些破旧了。为了让家里的一切与睡袍相配，他将家里破旧的家具、地毯等全部换新，这样终于可以配得上这件精美的睡袍了。这时他又觉得非常懊恼，因为自己仅仅因为一件睡袍就做了这么多事情，简直像是"被睡袍胁迫"了。他因此写了一篇叫作《与旧睡袍别离之后的烦恼》的文章。美国哈佛大学经济学家朱丽叶·施罗尔于1998年将这种因为一件睡袍便要翻新整个屋子的举动概括为"狄德罗效应"，并在《过度消费的美国人》中发表。狄德罗效应又称"配套效应"，它发展了"越是得到越是不满足"的心理，概括为人们在拥有了某种东西之后不断添置与之相配的东西，想要得到的东西越来越多，并以此来达到心理平衡。

这种"愈得愈不足"的心理是欲望的升级，如果受其引诱，那么生活中的

"知足常乐"便会渐行渐远，最初的快乐也将不复存在。关于希腊先贤苏格拉底有过这样一个小故事，有一天，苏格拉底的学生告诉他集市上有很多好吃的、好玩的，希望苏格拉底去看看，在学生们的极力劝说下，苏格拉底便去集市逛了一圈。第二天，学生们围着苏格拉底，询问他在集市上有何收获。苏格拉底说道："我在集市上确实得到了一个很大的收获，那就是我发现世界上竟有这么多的东西是我不需要的。"之后，苏格拉底又说，当人们为了幸福生活而疲于奔波时，幸福生活已经离他们越来越远了。幸福也许就是知足常乐，对于不需要的东西不苛求、不强求，得失随缘。

当然，狄德罗效应有时也会为我们带来成功，我们可以先将狄德罗那华贵的睡袍看作是现阶段的人生的理想状态，并将其视为现阶段的奋斗目标，就此，我们便有了为之而努力的动力。我们首先要相信自己拥有的目标就是"华贵的睡袍"，为了能够配得上这件袍子，我们必须加倍努力，让自己的能力配得上自己的"野心"，在这个过程中，将自己的目标慢慢分解，逐步达成。当我们实现了一个阶段的目标，就会进一步地去达成更高的目标，形成一个良性循环。有时候，成功的开始也许真的只是"一件睡袍"。

CHAPTER 06 臆想心理：
大脑也能烧一桌"满汉全席"

人的大脑存在联想的功能和习惯，由此催生出了一些臆想心理。这得益于万物的联系性和相似性，因此便出现了"联想心理学"。

在联想主义心理学家看来，人类一切的心理活动都是一些观念和感觉的集合，而这个集合的形成条件便是联想的力量。就像看到美食的"形"，便会臆想出它的"味"。联想的形成需要两个前提条件，即对比律和相似律。菜品的颜色总能在一定程度上体现它的味道，这是一种基于对比之上的"相似联想"。

人在渴望某件事，却在行动上没有得到满足的时候，大脑会通过一定的联想和臆想去"安慰"心理上的"需求"。如果你非常渴望吃到某种美食，那么大脑便会通过联想心理，内化出美食的味道和外形；倘若你看到了某样东西，脑海中却浮现出了某款美食，那也是联想心理在作怪。

你相信吗，石头也能成为一桌满汉全席！

一个画在纸上的弧形线条，在不同人眼中可以实现不一样的蜕变。艺术家会将其想象成一轮红日；地理学家可以将其理解为地球的半边；而在吃货眼里，它便有可能是一块撒着各种佐料的大饼。这是一种非常普遍的臆想心理，就如同产生饥饿感的时候，会不自觉地想象美食一样。

如果你对一个吃货说，有一桌菜，卖相出奇的好，但因为食材关系而不能食用，我相信他也一定会对其充满兴致。在浙江台州三门县，有一桌震惊网络的"满汉全席"，它吸引了众多美食爱好者的目光，后者慕名而来，只为瞻仰一番这桌菜的风采。这桌"满汉全席"对流逝的时间毫不畏惧，也不用担心它们会在饭桌上变质。究其原因，这桌食物的食材用的竟然全部都是石头。

这桌"石头宴"是一位做了20年餐饮的"老吃货"创造的，"老吃货"名为王万忠。2009年，王万忠进入收藏圈，奇石逐渐走进了他的生活。之后，他还运作了一家"三门县万忠文化艺术展览中心"，这里收藏着他近年来的藏品。王万忠每天看着这些奇石，发现很多石头的形状、颜色都与菜肴十分相似。这或许是他的主业和业余爱好最默契的重合点，在接下来的时间里，王万忠开始天南地北地收集奇石。王万忠表示："在餐饮行业做了这么多年，我深知能够代表烹饪水平的便是一桌满汉全席，这是烹饪界的'巅峰艺术'。但这桌菜共有108道菜肴，每道菜都需要开展20多道工序，完成全套菜品差不多要耗费十几个小时。因此，我一直没有机会去完成这样一个宏伟巨制。现如今，我开始用石头来代替所有的食材，如果能用石头做出一桌满汉全席，那就可以当作展品一样保留了。"

有了这个想法之后，王万忠开始全身心地投入到奇石收集当中。这些石头最合适的材质是玛瑙和化石，这两种石头都非常珍贵。为了收集它们，王万忠经常在新疆、内蒙古之间穿梭，听说哪里出现了像菜肴的石头便赶去想方设法地买下来。

2018年春节，王万忠的石头宴"满汉全席"便正式展出了，这桌菜的每道菜都经过了细细打量，共动用了1000多块奇石，总价值达到了20万元左右。据王万忠介绍，桌上的每盘"菜"都价值不菲，最便宜的也要好几百元，那盘"花蛤"全部都是用真正的花蛤化石装的盘。这桌菜可比真正的满汉全席昂贵多了。

作为食材的石头没有经过任何打磨，全部都是天然的样子，其形状与颜色也与食材实现了完美契合，只是看一眼，便能令人垂涎三尺。而无法食用却又令吃货们叫苦连天。

相信很多人都有"收藏"的习惯，可能是书籍，可能是玩具或者动漫周边，也或许是一张过去的CD，那么决定我们收藏的心理因素是什么呢？

收藏的动机可以分为内在条件需要和外在条件刺激，我们喜欢一盘菜是因为它能充饥，这就是内在条件需要，若是因为用这道菜请客显得我们非常有面子，这便是外在条件刺激。就像有些人喜欢收藏手办只是因为它能带来主观上的满足，而有些玉石爱好者收藏玉石是因为玉石有升值空间。收藏动机是在收藏需要的基础上诞生的，每一种需要都不尽相同，但我们开始收藏之前一定会知道这件事的动机以及最终的导向。或许很多人无法理解为什么有人愿意高价买一堆石头，有人愿意花上万元去尝一口深海鱼子酱，而当接触心理学之后就会发现，世界之大，容得下奇人绝技也容得下各式各样的心理。如果收藏的动机是为了升值，那么这种行为便不会长久，升值就像是外部的奖励，存在一定的不稳定性和不确定性，在其驱使下的行为会因为奖励的撤销而消退，这在教学中多有涉及和应用。

决定行为的因素还有兴趣，也就是好奇心。收藏兴趣会促使爱好收藏的人积极地去做与收藏相关的事情，就像王万忠在新疆等地找奇石一样。兴趣，是一种心理的内在精神动力，它也会促使我们去从事某件事或者去了解未知的事物。兴趣有积极、消极的差异，也有广泛和狭隘的差异，任何广泛的兴趣的基础上都会有一个中心兴趣，其他方面的兴趣与中心兴趣相结合才能演变为良好的兴趣品质，在中心兴趣的引领下，我们会获得更多关于我们所关注的事物的知识，就此也会愈发了解自己的兴趣所在，这是我们形成某种活动或者才能不可或缺的条件。

兴趣发展到一定程度就会演变为爱好，孔夫子说"好之者不如乐之者"，对于某种爱好，每个人也会有不同程度的展现。一个人因为经常做某件事而且一直保持着高水平的热爱，他必定会精于此道，"书痴者文必工"就是这个道理。兴趣若是不能发展为爱好，便会出现消退的现象。例如，小时候爱好书法，却没有一直练习，仅仅停留在爱好书法的表面上，以致长大想要再次拾起书法却已经没了兴趣。

因此，收藏心理可以分为以下几种：

怀旧心理，喜欢收藏一些具有年代感的东西。老人家尤其如此，古色古香的家具上都是些老一辈用的琉璃瓶、彩瓷，每次看着这样古韵十足的物件，就会回忆起年轻时的故事。

增值心理，往往只是看准了某一物品预期的价值，收藏就是为了升值，升值的最后行为是出售，现下流行收藏玉器，黄金有价玉无价，一块难得的好玉总不会被埋没了。

虚荣心理，收藏是一个极其耗时、耗财、耗力的活动，实际上有些人对于收藏的东西并没有什么兴趣，只是因为这种收藏能满足他们的虚荣心而已，为了跻身某些名流圈子，为了符合这样的身份，收藏品只是一种装饰而已。

自我实现心理，有些收藏爱好者之所以收藏只是为了能为国家传统文化留下宝贵的遗产，像夏衍、周培源等人省吃俭用保护国家文物最后无偿贡献给国家，这是马斯洛需求理论的最高需求的体现。

不管什么爱好，我们总会有自己的情之所钟，为此，我们愿意付出自己的努力，将热爱不仅仅限于想象。

菜名：始于联想，忠于口感

中国的汉字由象形文字发展而来，其中除了形似，还有一些心理特性的内涵，这是汉字博大精深的境界。而由汉字组成的菜名自然也能够承载一些人们的心理原型，进而表现出相应的社会人文。以至于到了不同的语境之中，普通的菜名也能"解锁"不同的心理意义。

对于食物的渴望往往来源于肚子空空如也，思想心向往之。于是，大脑便会"搜索"出一些菜名，催促着身体去做出能够满足进食欲望的行为。这时候，当我们看到一些"有意思"的菜名时，联想便会随之产生。

联想是指由当前感知到的某种事物想到了过去或者未来相关的事物，即由某种事物或情境联想到其他事物或者情境的过程，联想既然可以发生，就说明二者之间有着千丝万缕的联系，或是相似，或是因果。

心理学对于联想和想象的概念略有不同，联想也在心理学的领域自成一派。联想心理学即联想主义心理学，代表人物有培因、斯宾塞等，该学说致力于用心理要素或者观念的联想来解释心理问题。心理学脱胎于哲学，联想观点出现的时间也比较早，古希腊的柏拉图、亚里士多德等西方哲学代表人物就曾采用这样的观点。联想主义心理学认为，心理的元素是观念和感觉，要解释心理现象应当以联想为最基本的原则，联想复合而成一切复杂的心理现象。通过探索联想的规律，联想主义心理学家们试图解释心理学的现象。英国大卫·哈特莱提出同时性联想和相继性联想，他继承了经验主义的心理学内容。同时，哈特莱是一名医生,也是生理心理学的先驱,他建立了联想主义心理学初始较为完整的体系,指出联想能够组成新的心理观念,联想的生理基础是神经振动,基本规律是接近率。

英国的J.密尔继承了大卫·哈特莱的观点,赞同接近律作为联想的主要规律,认为生动性和频率可以视为副率作为补充。但他坚持认为复杂的观念本质上是机械的结合,即奉行"心理力学说",从而陷入了形而上学的误区。

J.密尔的"心理力学说"被他的儿子J.S.密尔的"心理化学说"取代。在联想观点上J.S.密尔与父亲存在两点分歧:一是他反对只重视联想的被动性而忽视了联想主动性的存在;二是观念的组合不应该以力学的观点来解释。1865年,他提出接近律、类似律、多次律和不可分律四条联想率。从本质上看,J.S.密尔的观点属于主观唯心主义的观点。

英国哲学家、心理学家亚历山大·培因认为,联想的规律应该包括类似率和接近率,如果两种感觉在以前能够同时发生,那么以后也是,即二者是相互联结的,如果其中一个感觉在观念中出现,另一个也随之出现,这就是接近率。而比接近率更为重要的是类似率。培因用联想来解释心理现象,并且深入探索了联想的种类和动力,在他的探索下,联想主义心理学达到高峰。

培因之后,斯宾塞继承并发展了联想主义心理学。斯宾塞提出联合可以由关系或者情感按照接近率来完成,经验内部的联合是接近性的。他认为连续重复的联合会出现一定程度上的减弱,即提出了重复性和明了性的原则。他以进化说为理论基础构造联想主义心理学,认为屡次重复的联合具有时代积累的遗传性,即习得与本能方面。后来,斯宾塞的进化的联想主义影响了后来的动物心理学、机能心理学等其他学派的发展。

人的联想存在四种形式,菜名的展示也能引发出不同的联想:

第一种形式:类似联想,这类形式来源于事物之间的相似性,大脑会通过解读某种事物的特征而联想到一些具有相似特征的事物。

就像一道名为"火山飘雪"的菜,"火"有着强烈的冲击力,这或许是一道辣味的、红颜色的菜;至于"飘雪",应该是某种颜色较浅的碎状的调味品。当这道菜端上餐桌的时候，谜底揭晓——这竟然是一盘凉拌西红柿！被切好的西红柿在盘子中被堆成火山的形状，"山顶"上洒了一层厚厚的白糖。

第二种形式：接近联想，这种联想涉及到时空的领域，如果两个事物在时空范围内存在很大的相关性，那么就非常容易被联想在一起。

有一道令人浮想联翩的菜——"貂蝉豆腐"。在菜名中，可以清楚地明确这道菜的主要食材是豆腐，而貂蝉是中国古代四大美女之一，名为"貂蝉豆腐"是否与当年的历史典故有关？是产地还是味道？又有哪些特别之处呢？

于是，这成功勾起了人们的好奇心，虽然它不过是一盘豆腐。倘若它的名字只是简单的"凉拌豆腐"之类，想必人们大多是不会考虑品尝的。

第三种形式：对比联想，在数学科学领域，有一种"逆向思考"的思维方式。放在联想之上也同样适用，如果在听到菜名之时，实在无法确定食材，或许可以通过"反其道而行之"的做法去思考。

"一品锅"，这道菜听起来较为神秘，食客们没有办法从仅有的三个字当中得知这是一道什么菜，然后就开始联想"二品锅""三品锅"。这听起来像是在一口锅里盛的饭菜，菜量应该比较大，那么是否就意味着这里面的食材不止一种，其实可以称得上是"多口锅"，叫"一品"不过是为了述说"海纳百川"之意呢？

当食客们真正看到一品锅的时候，该猜想便被印证了，这算得上是一口火锅，里面共放置了5层食材，经文火煨制而成，是徽州有名的传统美食。

第四种形式：因果关系联想，这就像看到一件事情的结果，很自然便会联想到原因一样。当我们看到一道菜名时，名称的描述大多会带有一定的食材提示，从菜名中，或许可以得知该道菜的烹饪方式。

一家餐厅在菜单上把一道非常普通的花生米写成了"香脆麻辣小花生"，前来"觅食"的食客们看到之后来了兴致，便询问店家："请问这是炒花生吗？"

"是的，一盘特殊的炒花生。"

到底有多特殊？又香又脆又麻又辣？这听起来也不错，到底怎么炒才能做出"香脆麻辣"的感觉呢？事实上，食客们内心中也在告诉自己，这不过是一盘花生罢了，能有多特别？但当他们的目光再度落在菜名之上时，还是抑制不住内心的好奇点了一盘。虽然味道也不错，但确实没有什么特别之处，若要较真，只能说它的名字很特别，成功吸引到了食客。

　　吃货的世界总是充满幻想和美好的，他们对于美食的渴望绝不仅限于面对美食的时候。在想象或者联想美食方面，他们的大脑通常都异常"发达"。以至于仅看到一个菜名便可以在大脑的加工之下浮想联翩，你算得上是一枚吃货吗？有没有被菜名撩到过呢？

你在什么情况下会想要吃火锅？

美国精神分析学家卡伦·霍尔奈曾对人们内心中"求而不得"的念想做出这样的解释：很多人在很多时候都会产生缺陷感、无价值感和软弱感，人的情绪和心理存在一定的自我治愈能力，当一些负面因素侵袭自身精神的时候，一种名为"精神补偿"的心理便会相应产生，这是一种借助想象而使自己变得"理想化"的一种精神慰藉。

对于一个吃货来说，这种精神慰藉似乎可以解释为：当吃不到自己非常想吃的食物时，会通过想象的方式去"体验"它的美味。

精神补偿是心理需求得不到满足之下的"注意力转移"，即用别的方式去慰藉需求。但对于很多吃货来说，对于美食的渴望程度似乎是无法取代的，就像你想吃火锅，一碗麻辣烫无法代替这种需求。即便是原本没有想吃东西的需求，若是吃到了一顿自己不喜欢的饭菜，也会产生极其烦躁的感觉。就如同原本可以吃到一顿非常好吃的饭菜，没想到却被味道不好的食物代替了。虽然以后还可以吃到美味的食物，但终归少了这一次。这就是吃货的心理世界，难以理解，却又不可侵犯。

对于吃货来说，"吃"在很多情况下并不是单纯的生理需求，说是心理慰藉反而更加贴切。加拿大卡尔加里大学博士哈维·温卡登表示，人都存在"口腹之欲"，这是从婴儿时代便产生的欲望，通俗一点便是"犯嘴瘾"，这与身体中的饥饿感存在明显的区别。嘴瘾发作时，身体可能并没有感到饥饿，但进食的欲望会异常旺盛。这时候，人的内心会处于一种渴望需求被满足的兴奋之中，只要满足了需求，心情便会迎来平静与舒适。若是满足不了，或是采用了进食别的食物的方式，情绪的失落便在所难免。在吃货面前，"转移注意力"、"食物代替"是没有任何实质性作用的，这样只会为情绪增加阴霾，使得个人心情愈发糟糕。

当然，想象的补偿作用不仅仅在于此，当我们想象某种想吃的食物时，欲望会驱使想象将"食物放到嘴里细嚼慢咽"，这样的想象是非常必要的，当我们靠着想象将食物咀嚼了很多次后，我们对食物的渴求也会逐渐淡化，就像橡皮筋一样，越是绷紧它，它反弹的力量就会越大，我们的"口腹之欲"也是如此。

如果你是一枚吃货，也存在吃不到心仪食物不罢休的需求，倘若不是身体原因，那就跟随自己的内心去觅食吧。不管怎么说，快乐最重要。

我只想想我不吃：来自吃货的觉悟

心理学领域存在很多心理防御机制，其中有一类被称之为"自骗"。这是心理层面的一种慰藉方式，当个体面临一些困境与挫折，或是处于一种紧张的境地时，人的内心便会产生焦虑和不安，为了平衡情绪和心情，精神往往会开展自我安慰的活动，大多是采取欺骗自己，并以此来达到舒缓情绪的目的。

这种层面上的自欺欺人存在一定的积极作用，能够起到平衡与管理情绪的目的。但如果这种心理在儿童时期便被广泛应用，并且因为"骗"而得到了某种好处，甚至沉浸在这种获得满足的感觉之中，那么便会对个人日后的成长产生一定程度上的消极作用。而对于吃货来说，这种"自骗"方式仿佛比较受用，并且也不会对自身的身心发展形成消极影响。吃不到的葡萄告诉自己那是酸的就可以了，如果特别想吃某样东西，却不合时宜的正在减肥，或是处于健康的考虑而不得不放弃时，用"自骗"来劝自己心平气和地停下寻觅的脚步便可以达到目的。

一般而言，"自欺欺人"存在一定的贬义意味，但在心理学领域，大量研究表明，善于自欺欺人的人更容易获得某些领域的成功。

耶鲁大学的佐伊·钱斯设计了一个关于考试作弊的实验来研究这种心理，实验的被试是从同一所大学中随机抽选的，只需要回答关于常识和智商的问题，被试被分为两组，其中一组会分到有答案的试题，以此测试他们是否会偷看答案。实验结果表明，实验中确实有一些学生没有经受住诱惑而偷看了答案，并且有答案的一组确实普遍高分。实验无法区分的一点是，这些高分究竟是因为答案还是被试聪明的头脑。实验者据此提出一个问题，被试能否意识到自己的高分究竟来自智力还是答案？

　　研究人员进行了另一场测试来解决这个问题：同一批被试，同样的题目，这一次允许所有的被试浏览测试题目，但是每个被试都不会被分到答案，被试需要依据题目来预测自己此次的成绩。实验研究人员设想，上次测试中通过作弊获得高分的人会因为此次没有答案而对该次成绩的预测普遍较低。但实际的实验结果，却与实验人员的猜想大相径庭，在第一次实验中作弊的人对于自己此次的成绩预测不仅没有降低，反而比之前得出的成绩还要高10分，当然，这是在自欺欺人，他们的成绩其实很低。据此，研究人员为验证是否是因为作弊者对自己的智力和能力过度的自信导致这样的结果再次进行了实验：实验中增加现金奖励作为刺激，如果被试在测验中能够准确预测自己的成绩，那么他们将会获得一定的现金，然而，尽管有现金作为诱惑，作弊者仍然高估了自己的成绩，比其他被试少得了很多钱。

　　美国心理学家大卫·邓宁和贾斯汀·克鲁格将这种自我欺骗界定为一种认知偏差。他们认为，能力不足的人可能会倾向于相信自己拥有更多的才能，比其他人更为优秀，这让他们在心理上有一种别人拿不走的"优越感"，亦称"达克效应"。

　　邓宁和克鲁格对达克效应的兴趣起源于1995年一个真实的"掩耳盗铃"事件，某天，一个名叫维乐的人在光天化日之下毫无伪装地抢劫了匹兹堡的两家银行，电视台很快调取录像并在案发后一小时逮捕此人，被逮捕的维乐显然十分吃惊，他认为自己已经在摄像头上抹了柠檬酱，警察不可能抓到自己。用柠檬汁来涂抹摄像头，并非说明维乐愚蠢，只能代表他存在一定的认知偏差。不同的人对于认知偏差的表现不同，能力高的人会普遍认为自己知之甚少，能力低的人则会觉得自己十分博学。邓宁和克鲁格认为，这两种人的内在幻觉是不同的，能力高的人会错误地预估他人，能力低的人却会错误地预估自己。他们还发现，从阅读理解、下棋、解决问题甚至制定政策的各个方面，能力低的人都会更容易高估自己。能力低的人往往会低估他人的实力，而对于自己的能力却有着盲目的自信，但是经过锻炼，他们往往能够认识到自己的不足并得到能力的提升。

能力是一种综合类的考量，无知会造成人的能力低下，但是并非所有能力低的人都无知。能力差却无法意识到自己的能力差，即无法认识自己的无知，这才是最致命的能力缺失。邓宁认为这种能力缺失是日常生活中的一种"病觉缺失"。疾病缺失是指大脑损伤导致的无法感应到自身存在的障碍，能力的缺失与此相似，往往会造成"越无知——越无知"的恶性循环。

邓宁在《纽约时报》中指出，无能的人往往意识不到自己的无能。"如果你无能，你需要认清的便是什么是正确答案，这便是得出答案最迫切需要的能力。"无论什么领域，最重要的是知道答案是否正确。

无知之人的无知是没有意识到自己的无知，邓宁和克鲁克认为，这已经算不上是最新的发现了。我国大教育家孔子的名言"知之为知之，不知为不知，是知也"充分证明了古人对于"知与不知"的深刻认识。达尔文也曾说过"无知比知识更容易招致自信"。知识就像一个圆，当我们知道的越少，我们对外界的接触就越少，甚至会出现"知识是有限的"认知。但是，当我们获取的知识越多，我们便越能体会到知识的浩瀚无垠。

我们有时候确实会对自己的能力异常自信，有些人或许还会有"天下无敌"的感觉，这样的自我欺骗会让自己在心理上"好过"一些，我们会获得自信、自尊，在应对事情上变得甘于冒险，但是情境改变时，若我们仍然对自己过分自信乃至自负就会被现实打一个措手不及。

基于种种原因，我们常常以为自欺欺人是错误的，其实却不尽然，自欺欺人不代表我们无法从中获益，我们的心理机制常常在无意识地欺骗自己逃避痛苦，这是无法反驳的事实。

在吃货面前，"自骗"心理能够"冻住"本身对于美食的憧憬情感，帮助自己获取健康的饮食规律，以达到减肥或其他目的。"只想不吃"或许是作为吃货最高的觉悟了。

如影随形的孤独感：美食的治愈力量

人都是有归属感的，这种感觉在一个能够感觉到温暖的环境中非常强烈，强烈到你可能都注意不到它。这似乎有些矛盾，站在心理学的角度，这是一种"心安"的满足感，因为情绪处于一种满足和舒适的环境中，归属感便退居"幕后"，默默守护着我们的情感。倘若我们来到一个陌生的环境，对于身边的一切都不熟悉，若是再有一些痛苦或寒冷侵袭，那么曾经的归属感便会在脑海中划过，成为我们追忆和渴望的东西，这时我们便会产生一种孤独感。

在心理学层面，人的情感和性格存在一定的稳定性，人的性格很难发生改变，除非经历大的变故。而一个向来情绪稳定的人，也不会轻易之间情绪失控。能够让情绪泛起波澜的大都不是眼前的事物，多数是一些难忘的回忆。旅行者们很少会感到颠簸和辛苦，反而乐在其中，但某时某地，他们也会邂逅一些远行的孤独。

心理上的孤独感可以指我们与外界交往的情境被剥夺时所产生的情感。当我们脱离群体，便会产生孤独感，因为我们与群体之间的联系被割裂了，这样的割裂带来了痛苦。当然，孤独感不仅来源于"脱离群体"，即便身处的环境充满爱与关怀，我们可能还是会显得格格不入，所谓"一群人的狂欢，一个人的落寞"，这种孤独表现在我们无法达到的某种欲求之中，它往往源于内在的焦虑。

奥地利著名心理学家梅兰妮·克莱因是继西格蒙德·弗洛伊德之后最不可忽视的精神分析学派的代表人物，也是对儿童进行精神分析研究的先驱，她试图对孤独感的来源进行探究，认为孤独是因为婴儿时期的精神焦虑。婴儿时期的焦虑会沉积在每个人的心理构成中，而过度的焦虑会表现出病态，即精神分裂和抑郁。

孤独感的根源可以追溯到婴儿时期。出生半年以内被安全抚养的婴儿能够感受到与母亲之间亲密的融合关系，这时，不需要任何语言的参加，婴儿就能够体验到与母亲以及母亲周围的一切是一个整体。婴儿会慢慢长大，认知能力也会随着它长大而发展，他最终发现母亲是作为这个世界最独立的个体而存在，这时他会产生两种情感：一种是因为这种认知而产生的失落感，他渴望回到与母亲共生的关系之中；另一种是促使他建立一个独立的自我的情感。当我们处于热恋期时，我们会对某个人产生无法抗拒的依恋，这也是我们抵抗孤独落寞的一种方式。

当自我与客体的整合出现偏差，个体也会出现一种孤独感。克莱因认为，自我与客体都存在好坏之分，个体会趋向于通过心理的某种分裂机制将自我与客体中好的部分进行保存，并将好的部分与坏的部分进行隔离，建立一个较为安全的基地。但这种安全感的获得会产生一种迫害和焦虑的感觉，健康的成长最终会被隔离的两部分重新整合，整合能降低心理上的焦虑感，却同时破坏了隔离，让个体丧失全能感。每个个体不可能完全完成整合的过程，也就是说，整合是不完全的，仍然会存在分离的部分。个体是无法完全了解自己的，个体在整合中产生的孤独感会通过幻想来缓解，个体幻想自己有一个双胞胎分身，这个分身便是被分裂出去的那部分。

个体会将客体分为好客体和坏客体，个体偏爱那些好客体，同时，个体会害怕好客体的丧失，与母亲的分离便象征好客体的分离，这也会让婴儿产生一种孤独感。在成长过程中，个体渴望一个好客体，但是随着自身的生长，个体会意识到现实，认识到一个全能的好客体是虚幻的，这种落差会让个体产生一种孤独感。例如，我们渴望自己是无敌的，我们从小崇拜超级英雄，但随着我们踏入社会，便会认识到这个世界上并没有那些虚构的英雄，我们只能一步一步艰难前行，承认自己的普通。

克莱因认为，既然发现了孤独感的来源，那么我们可以通过以下方式来消解孤独感：

父母需要注意，要在婴儿期便与孩子建立一种良好的亲子关系。当婴儿把母亲作为好客体的内容进行内化时，他就可以为整合提供支持用以抵抗整合过程中的破坏性冲动，借此缓解孤独。整合可以让婴儿更好地认识自己和周围的一切，帮助他更好地融入社会。

必须建立一个强壮的自我，只有自我发展，个体的综合发展能力才会提升，才能够更好地认识情感。强壮的自我还可以推动整合的进行，缓和超我与本我之间的冲突，对自己以外的个体变得更有爱心，这在一定程度上也可以降低孤独感。

个体还可以通多多种多样的防御机制来抵抗孤独，比如建立依赖关系、幻想、对过去理想化、追求成功乃至否认孤独等。

克莱因提出，整合所带来的痛苦是内在的，孤独伴随这种痛苦而来，孤独虽然可以被外在的作用减轻或者增加，但是它永远不会被完全消除。

克莱因的理论属于精神分析学派的理论，她对于一切心理的发展认识如同弗洛伊德趋向于向儿童甚至婴儿时期进行探索。

吃货们通常有一个共同点，即喜欢走过不同的地方，好体验不同的美食。在这个过程中，孤独感或许会不经意地袭来，但有了美食这一外在作用的安慰，孤独感就会出现一定程度上的降低。美食存在着情绪治愈力量，这也是吃货们在美食中寻求快乐的重要原因。

你是否偏爱某种食物，喜欢了它多久呢？

站在心理层面上，偏爱某种美食的原因可以划分为以下几种：

第一种心理：怀念小时候的味道。

随着年龄的增长，每个人或多或少都会存在一定的怀旧心理。于是，很多怀旧商品都能唤起成年人的共鸣，而诸多怀旧电影也能勾起成年人的回忆。"怀旧"之所以能够轻易被人们所接受，大抵取决于国人的怀旧情结，这种情节会体现在衣食住行等方方面面之中。

怀旧原本的意义是指思乡之愁，词汇来源于希腊文中的返乡和痛苦。17世纪，一位瑞典医生首先将其作为术语使用。通过多年研究，人们发现怀旧是一种对过去的人或者事物的情感体验，且多为正性的情绪体验，而不仅仅是一种抑郁状态。

心理学认为，怀旧是一种必要体验，适当的怀旧可以维持人的身心健康，能够激发人们对于美好事物的体验，促进人们心理的健康与平衡。怀旧唤醒回忆，大部分都是与愉悦相关的回忆，它唤醒的是我们正性的情绪。在怀旧时，我们的大脑往往会处在愉悦状态，会让记忆中的过去变得温暖；也有一些人认为，怀旧主要是对过去的眷恋，它可能会造成人们停滞不前，会带有悲伤消极的一面。绝大多数研究人员认为，怀旧掺杂了以上两种情绪，之所以如此，是因为怀旧会让人忆起往事，而记忆会进行自我加工，让往事变得更加"完美"，更加符合人们的憧憬。但当下的人很难回到过去的情境之中，这样的现实便会带来痛苦。值得庆幸的是，我们的怀旧给我们带来的多为快乐的情绪，很多时候还能够将负性情绪转化为正性情绪。

法国《费加罗报》曾对人的怀旧心理做出这样的评价：怀旧是一种能够慰藉心理的活动。这与美国北达科他州大学社会心理学家克莱·劳特利奇博士的理论存在异曲同工之妙，在克莱·劳特利奇博士看来，人们之所以会怀旧，是因为被怀旧的那段时光非常快乐，人们希望通过重温的方式来再度体会快乐。也许有人会说，这是否代表着现在的生活并不快乐？介于人类内心的复杂性，这个问题的答案并不明确。虽然我们在怀旧的过程中会感到一定的空虚和孤独，但是那些重新活跃在脑海中的快乐却能够激发起欣慰的情绪，从而令我们的自尊心得到一定的提升，适当的怀旧还能充实我们的人生。

生活中不如意者十之八九，每当遭遇挫折而沮丧时，想起小时候所倾心的一碗螺蛳粉、一块糯米糕，想必心情定然会有所缓解吧。如果能够在关键时刻吃到这些小时候的美食，一定会油然而生一股幸福感吧。

第二种心理：偏爱某种食物与记忆有关。

你有没有因为一件事而邂逅一种食物，有没有因为一个人而爱上一种食物？如果有，这也是你偏爱某种美食的一个原因。

一位食客点的是鱼香肉丝，菜上来之后，他没有立即开吃，而是先把所有的葱都拣出来吃掉，然后才正式开吃。当问及他为何会点如此家常的菜，又为何先吃掉葱，他只是淡淡一笑："习惯了。"

原来，他与相恋5年的女友分手了。而女友非常喜欢吃鱼香肉丝，又不喜欢吃里面的香葱。所以，每次吃这道菜的时候，他都会先把葱挑出来，然后让女友肆无忌惮的享受美食。实际上，他原来并不喜欢吃鱼香肉丝。

最后，他说了这样一句话："虽然分手了，我也放下了，却偏偏喜欢上了吃鱼香肉丝，先挑葱的习惯看来也改不了了。"

大脑每分每秒都在制造记忆，但我们的脑容量却是有限的，于是很多记忆都处在更新之中，也有一些会深刻在脑海之中，那些经历过更新的冲击却仍然留存的记忆大抵都能引发相应的情绪。

人的记忆有着复杂的加工模式，我们能够真正记忆的东西既有限又无限。心理学研究发现，人的短时记忆（对日常生活的记忆）仅仅在五天左右，现在从细节上回想五天前你做了什么，怕是连喝了几杯水都记不清了。我们经历的所有快乐、悲伤，对大脑来说是重担，对心理来说也是压力，大脑会将那些不重要的记忆筛除，这在心理上是一种很好的防御机制，人们能很快走出悲伤，也要感谢这样的机制，因为记忆模糊了，情感也会随着变得模糊。只有反复记忆或者具有重大意义的记忆才会被允许长久地储存，当然，如果我们不及时巩固，它也会慢慢变得模糊、不可信。

我们会记住那些附带强烈情感的经历，这也许与我们的生存相关。作为生物个体，我们的大脑会认为那些悲伤的情绪是有害的，那些正向情绪是有益的。当经历伴随负性情绪，我们便会记住它，避免再次面临它。当经历伴随快乐，我们便会回忆它，并在实际生活中寻找相同的情境以获取快乐。对于我们来说，好的情绪是奖励，坏的情绪是惩罚，我们会逃避惩罚，但前提是"记住这个教训"，所以，有时候负性情绪的记忆反而被记得更加牢固。

我们在进行回忆之时，会在两分钟左右开始出现情绪反应。就像你回忆与恋人分手之前一起吃面，在90秒左右就会触发情感，你会回忆起与恋人在一起的快乐、失去恋人的痛苦，继续回忆下去，你便会在一段时间内沉浸在这样的情感中，还会联想到其他相关的痛苦或者愉悦的事情。或许那已经不是爱情，而是贪恋余温，所以对食物的偏爱便是记忆所致，放不下的情感造就了喜欢吃"鱼香肉丝"的习惯。有些记忆是潜伏的，它就在那里，并没有被遗忘，但我们向来不会主动回忆，因为我们每天都被喜怒哀乐的情绪包围着，根本无暇顾及过往的记忆。于是，这些存于潜意识中的记忆便会沉淀下去，而记忆沉淀的越久，它被回忆起来时，所裹挟的情绪也就会越多。

第三种心理：只是单纯喜欢某种食物的味道。

有人天生爱吃辣，只是喜欢那种刺激味蕾的感觉；有人非常喜欢酸，吃饺子能蘸两盘醋；也有人钟情于甜食，任何口味的点心都是想品尝的目标……

这样的饮食习惯能够持续人的一生，于是，心理学便在此基础上分析出了饮食群体的相应性格。或许，美食与爱情一样，人们喜欢，却没有理由。

第四种心理：遗传。

这里不仅存在心理学的因素，还存在一些医学方面的理论。我们的饮食习惯在很大程度上受到了父母的影响，尤其是母亲。怀孕和哺乳期内妈妈的饮食习惯能够对孩子日后的饮食喜好产生决定性的影响。如果孕妇在孕期非常喜欢吃一种食物，那么腹中的胎儿会对该种食物产生熟悉和依赖感。当出生之后接触此食物时，便会产生愉悦的感觉，进而也爱上这种食物。

西红柿炒鸡蛋是一道非常家常的菜品，我们普遍认为这是一道大众化，人人都喜欢吃的菜肴。但也有少数人不喜欢吃西红柿，究其原因，大多是父母在家中做饭时从来没有炒番茄的身影，因为妈妈不喜欢吃，巧的是姥姥也不喜欢吃。这似乎便与遗传因素产生了关联。

大脑注意到一款美食，到底是有意还是无意？

心理学领域认为，每个人的注意力资源的分配都是有限的。注意分为有意注意和无意注意。

无意注意往往没有任何自主的参与，比如我们开会时突然进来一个人，我们便会不由自主地去注意他。能够引起无意注意的事物往往得益于其客观特点和人的兴趣。如果事物是突然出现的，那么我们只能被迫去进行这种无意注意。就像我们在等餐的过程中，突然间闻到了一股沁人心脾的香味，也许这道菜并不是自己点的，而它被从后厨端出来的那一刻，我们的思想便会促使自己不自觉地望向它。事物的吸引力很大或者事物一直处在变化之中，那么它也会引起无意注意。当事物出现，能够引起个体的兴趣或者与个体以往的知识所联结时，个体会产生不自主的注意。

有意注意则是有目的地将自己的精力放在某种事物上的注意，这种注意往往需要很大的努力。就像我们期待着一款美食，当它被端上餐桌的时候，我们的注意力便会一直落在它的身上；当我们身在课堂，我们便会努力调动自己的精力将注意集中在课堂内容上。这里的注意便是有意注意。当然，如果我们十分感兴趣也会产生无意注意。有意注意往往是指对那些不感兴趣又必须进行的事件的注意，或者我们对事物具有间接兴趣，比如我们不喜欢学英语但是我们知道学英语有用，我们趋向于结果带来的益处，便会主动将注意分配在上面。

无意注意与有意注意之间可以相互转化。无意注意是对有直接兴趣的事物的注意，有意注意是对有间接兴趣的事物的注意。对于一款期待中的美食，我们首先是有意注意，然后在享用的过程中也许获得了快乐或者奖励，这使得我们对于这款美食本身产生了浓厚的兴趣，这种兴趣又作用于我们的注意，这时有意注意就会转变为无意注意。无意注意转变为有意注意就更加常见了，当我们发现一道新奇的菜品，我们便会产生无意注意，当我们想进一步了解它、研究它，无意注意就会转变为有意注意。

注意的对象是不同的，那么对于注意的分配自然也不同。对于注意的发生以及分配机制，心理学界有几个著名的注意模型需要了解。

英国心理学家布罗德班特在1958年提出了过滤器模型，他进行了较为著名的"双耳分听"实验，实验给被试一套耳机，两边分别且同时输入不同的声音信息，要求被试追随信息并分别进行再现，或者以双耳信息出现顺序成对再现，结果证明分别再现的成功率为65%，而成功成对再现的概率为22%。他认为这个实验支持了早期选择模型，人能够接受的能力是有限的，人们的感觉通道和高级信息加工系统皆是如此。然而外界的信息数量是庞大的，这些信息若想进入人的大脑，便要经过过滤，对于大量信息的过滤会依照"全"或者"无"的原则进行，并且仅开放一条通道，让信息进入并进行加工。所以，实验中分别再现的成功率会比成对再现要高。同时，布罗德班特承认，被试能够在很小的程度上来回切换两种通道，因而被试也能够呈现出同时加工的能力。不过，这种能力相当有限，当材料复杂时，通道对信息的选择与加工便会受到影响，此时，同时加工的能力就会变得更弱。人的注意是有限的，注意会选择信息进行加工，因此有些信息便会被过滤掉。当然，信息的种类不可忽视，新奇的信息更容易通过通道。

1960年，美国心理学家特瑞斯曼改进了过滤器模型理论并提出了注意的衰减模型，她认为信息并非只是通过一个单一开放的通道，信息的过滤也并非按照"全"或"无"的原则进行。信息的通道都会打开，但是除了主通道之外，其他通道通过的信息都会被衰减。大脑中已经存储的信息具有一定的兴奋阈限，没有受到衰减的信息能够顺利激活大脑中已存的相关信息，被衰减的、强度一般的信息不会激活认知系统，但是只要是重要的信息，即便强度不高仍然会被意识调动。

　　牛津大学的盖瑞和韦德伯恩在布罗德班特双耳实验的基础上,在信息中增加了有意义的材料,实验结果发现,被试在听到有意义的材料且左右耳切换时会主动去追随,从而忽视主试的要求,不再仅仅追踪指定的一侧耳朵所听到的信息,这说明顾虑器允许信息在两个通道之间通过。特瑞斯曼也做了相似的实验,结果趋于一致。

　　衰减模型发展了过滤器模型,比过滤器模型更富有弹性,还很好地解释了认知的选择机制,在心理学研究领域具有重要的意义。我们也可以将二者称之为过滤器——衰减模型。

　　基于中枢能量理论的能量分配模型是心理学家卡尼曼提出的。卡尼曼认为,注意是一种资源,而这种资源又是有限的,它可以用来完成很多任务或者同时进行两种活动。之所以能够完成任务,是因为我们具有足够的注意资源去进行分配,一旦资源不足,我们就无法完成任务。例如,有些人可以边打字边聊天,这就是因为这些活动所需要的能量并没有超出注意本身的能量。个人的意愿、情绪也会影响资源的分配。当然,在不超过本身能量的基础上,人们能够进行两种或者两种以上的活动,否则两种活动都会受到干扰。最简单的例子就是"左手画圆,右手画方"。应当指出,这个模型非常明确地将不随意注意包括进来,而且还认为存在某些自动加工,这些都对研究注意存在一定的意义。卡里曼的容量分配模型有两个值得探讨的问题:一、是否所有的心理活动都需要调动资源;二、是否资源只有一种。

　　心理活动所需要的资源会根据情况不断变化,"熟能生巧"便是这个道理,在熟练之后,这个活动所需要的资源就会变少,即出现了自动化。除非,同样的活动改变了情境,比如我们自己做测试和真正高考所需要调动的资源是完全不同的,很明显,高考需要更多的能量。而且注意资源的种类很多,不同的任务或许需要完全不同的资源。比如,我们品尝一道菜和烹饪一道菜就是调动了不同类型的资源。

CHAPTER 07 外卖心理：点餐记录暴露了你的性格

人的行为是心理的外化表现，作为有机体的反应系统，行为的发生需要一定的刺激条件，而促使其发生的中介便是心理活动。心理过程由认知、情绪和意志构成，表现在行动上便可以刻画出一个人的性格。

点外卖在一定程度上能够反映出一个人的行为习惯，喜欢点外卖的人或许是没有时间做饭的上班族，或许是不会下厨、懒于下厨的居家者。他们虽然都习惯点外卖，但是选择的种类也不尽相同，表现在行为之上，便呈现出了一种心理和性格上的细致划分。

外卖的选择会映射出最真实的自己，你想隐藏自己的内心，而你的外卖却会毫不留情地揭露你。

坐等外卖时，你的大脑都经历了什么？

对于很多人来说，等外卖的过程应该都不好受。

心理学层面存在一个名为"期望效应"的概念，这是我们对于所有事物的期望认知。我们习惯把刚出生的婴儿称作"天真无邪"，生命的初始并没有产生对整个世界的认知，之所以在成长的过程中性格各异，经历大不相同。究其原因当在监护人、教育者，以及生活环境之上。婴儿就像一汪清水，很多时候，你把他们装在什么容器中，他们便会呈现出什么形态。在教育方法中，有批评，也有鼓励，当你一直用一个积极的目标去鼓励对方，并告诉他"你一定能行！"那么他便会朝着你期望的方向发展；反之，若是你对他的发展持有消极态度，那么很不幸，他的言行真的会印证你的消极"期望"。

我们对任何事情都存在一定的期望值，在等待外卖的过程中，内心总是盼着它快些到来，然后想象它的美味与口感。这时候，心理学上的"等待效应"便上场了，等待效应指的是人们在等待某件事情的过程中，其所产生的态度与行为的变化。在等待外卖初期，我们的期待情感占据主导地位，而当等待活动进入后期之后，这种期待便会愈发强烈。倘若时间拖得有些长，那么这种过于强烈的期望便会衍生出一些焦虑、烦躁，以及不耐烦的情绪。"为什么外卖还没到？"、"我都快饿死了！"、"再不来连电影也没心情看了！"……原本欢欢喜喜的心情顿时跌入了低谷。即便外卖最终来了，内心的愤懑依然存在，也找不回当初那种期待的感觉了。外卖的味道或许在情绪的影响下也会"变味"，一次欢喜的体验就这样消失了。

休息日时间充裕还好，若是在办公室订午餐，一方面时间有限，若是外卖迟迟不来，那真的会令人抓狂——很多时候，饭到了，自己却忙着工作了。

说到在办公室里定外卖，小葡萄表示，近期办公室近九成的人都在定同一家的外卖，这家店在短时间内，以"新人"的身份迅速扎根在了青岛市场。到底是什么样的店家竟然能得到如此密集的客户群的多次光顾，又如何能在竞争如此激烈的市场中脱颖而出呢？

秘诀就是这家店认识到了上班族们对于外卖的真正诉求——快速、准时，其次才是口味。而更多的商家似乎在口味上下的功夫太多，反而忽视了前两项热切的需求。

该店在一开始进驻青岛市场时，也曾因为与大多数店家的想法一致而走过弯路。最开始的宣传确实有着较大的影响力，还一度采取过优惠和赠送活动，但最后的结果却不尽人意。

直到它掌握了顾客的真正需求，把十几道菜品压缩为6道，避免了中间繁琐的烹饪程序，用"流水线"的方式加快了出餐速度，能够最大程度上保证准时送餐。为了宣传自己的准时原则，店家还打出了"每晚1分钟，则倒扣1元餐费，并且上不封顶"的政策。由此引来了大批顾客的光顾。

但令人匪夷所思的是，店家每天都会交代送餐员选择一两个顾客故意晚送几分钟，时限控制在5-15分钟之内。而将外卖送到顾客手中时，送餐员则会当场支付不准时的扣餐费用。于是，当其他家顾客因为外卖超时而烦躁焦急时，这家店的顾客却在一边核对时间，一边暗自窃喜。

"不战而屈人之兵"，店家自导自演的这一幕收获了更多顾客的青睐，它不仅牢牢掌握了顾客的快速需求，还在此基础上上演了一场心理战。以一种别样的"不守时"鬼使神差地斩获了更多顾客的芳心。这时候，顾客等待外卖的心理从头至尾便不会产生过大的波动，期待与满足会持续在整个等待过程中。既然这家店能够让我的外卖吃得舒心、开心，那么自然就会常常光顾。

当然，每个人在点外卖的时候，心情状态其实是不一样的。有的人或许是欢欢喜喜的下单，有的人可能正处在焦虑之中，也有的人饿得不行，又忙得不可开交，点外卖纯粹是挤出来的时间缝隙……

　　这些人带着各自的心情出发，而这些情绪是否会对等待外卖的过程产生一定的影响呢？答案定然是肯定的。1955年，心理学出现了一个"排队等待心理"的实验主义研究。29年之后，哈佛大学商学院教授大卫·梅斯特对该研究进行了较为全面的总结，并且提出了人们在等待活动之中的多项原则：

　　首先，当你一边忙碌一边等待时，等待的时间会出现主观上的缩短；反之，如果你无所事事，只是满心期待的等待，那么这个过程似乎便会被放大和延长。

　　小葡萄每逢周末在出租屋点外卖时，都只是找好电影坐等外卖，这个过程总是很漫长，以至于通常是"望穿秋水"，消磨着当初欣喜的心情。而一旦产生焦虑的情绪，那么整个等待过程便会愈发漫长；而在办公室点外卖，特别是中午仍旧有些事情需要忙碌的时候，外卖便会在不经意间到来。

　　当一个人开展等待活动时，百无聊赖或是孤独的情绪便会涌上心头，相比一群人一起等待，前者的时间在主观上便会被拉长。

　　其次，如果等待的对象存在极高的服务价值，那么人们大多愿意等待更长的时间。就像某个店家的外卖服务非常周到，不管是包装、口味，还是售后都能带给顾客满意的体验，那么顾客自然愿意为等待的过程花费更多时间。

　　再者，并非所有的等待过程都是主动的，也有一些等待是必然发生，而我们不得不"静候佳音"的。所有等待的结果也不一定都是积极的，产生缘由并不明确、等待的结果并不公平、等待的对象并不熟悉，抑或是等待的过程会给我们的身体带来不适，那么等待活动的过程将会比明确、公平、熟悉、舒适前提下的过程时间要长。

　　如果你正处在非常饥饿的状态之中，好不容易忙完了抽空点了外卖，而空空如也的胃一直在"叫嚣"和"抗议"，胃病正在隐隐发作。这时候，你却只能期盼能够填补胃部、抑制胃病发作的食物快些到来。那么这个时间便会在心理上拉长好一大截。

　　最后，很多时候，等待活动的结果会存在诸多变故，即结果并不明确。倘若一些等待对象的发生与否并不确定、需要等待多长时间也无法预知，那么这个过程要比结果与时间明确的等待过程用时长得多。

就像点完外卖之后，突然下雨了，这势必会影响配送时间，而我们并不清楚配送时间是否会延误，又会延误多久。因此，焦虑不安的情绪便会愈发强烈，等待的时间也会被瞬间拉长。

你也会苦于等待外卖的过程吗？等待的心情又是怎样的呢？

点外卖时，你喜欢做回头客吗？

顾客的购物心理和购物行为会体现在所有商品之上，外卖也不例外。你在点外卖的时候，是否会习惯性的点同一家的美食呢？

一项心理调查的街头采访给出了以下答案：

"一家店的菜品种类再丰富，也总有尝遍的时候吧？不会吃腻吗？主要是什么原因促使你习惯性地在同一家店定外卖呢？"

"菜品其实没有那么重要，主要是习惯了。对一些店比较信任，点过之后比较安心。做出新的选择其实挺麻烦的。"

在对话中，可以找到一些关键点，即"习惯、信任与避免麻烦"，这是回头客们的普遍心理。

我们在购买任何商品时，总是习惯货比三家，展开一番深思熟虑，然后才进行购买决策，力求选择最适合自己的产品。这通常被称之为经验，我们一度认为这种良好的结果得益于自己的正确裁决。但站在心理层面上，这种好结果所带来的好感觉是因为自身意识的说服，即面对一项结果，大脑总会说服自己这是正确的决定，以此来收获良好的感觉。因此，我们所认为的经验在这里便成了一项实验。

一旦我们认为自己在购物上做出了正确的选择，这种感觉便会带给我们愉悦的感受，以至于每当我们产生该类产品的购物行为时，都会不自觉地选择原来的商品。

久而久之，我们开始认为自己对此种产品产生了足够的认知，通过多次的接触便把自己当作该产品的使用"专家"，由此更平添了一份优越感。

很多人在点外卖时喜欢点西餐，尤其是多人一起聚会的时候。而西餐中的可乐似乎是必点的饮品，这时候便会分化出两种阵营：喜欢可口可乐者与喜欢百事可乐者。这两类消费者均表示自己忠诚于心仪的品牌，并且一直以来都只购买同一品牌的可乐。

美国贝勒大学曾对顾客的忠诚度心理做过一项研究实验，参与实验的志愿者分布着可口可乐与百事可乐的忠诚顾客。他们面前各有两杯没有标记的可乐，实验人员告知志愿者两杯分别是可口可乐与百事可乐。接下来，志愿者们将分别品尝面前的可乐。在这个过程中，实验人员会对他们的脑电波进行扫描。而品尝之后的结果却有些匪夷所思——那些宣称喜欢可口可乐的人似乎更加喜欢百事可乐的味道。这个结果并未向志愿者透露，实验人员再度给了这部分人一杯可乐，并声称这杯是百事可乐。这时候，脑电波扫描仪产生了微妙的变化，一些愉快的信号遭到了一定程度上的干扰。他们放下可乐之后，表示味道不好，比不上可口可乐。实际上，这杯是刚才被他们放弃的可口可乐。

他们的大脑在外界干扰（被告知是百事可乐）的情况下，对自己撒了谎，但他们本身并不知情。所做出的判断，只是为了契合自己的情感。即便百事可乐的味道更加诱人，他们也不会承认这一点，因为要维护自己作为可口可乐忠实顾客的形象。

在心理学层面，这是有关认知倾向的内容：

首先，当人们拥有了一件东西时，这件东西在主人眼中便会随着时间的推移而产生主观上的增值。这就像点肯德基获赠了一个小摆件，最初估计可能在5美元左右。几天之后，别人想要出钱购买，那么主人或许会开到8美元，甚至10美元的价格。即便这个摆件原本是免费的。

其次，当我们在某件商品之上花费了一定的时间与金钱，即投入了一定的成本。那么我们通常很难会再去选择其他商品，就此形成了一定的忠诚度。这就像我们买了很多食品，即便不好吃，也不舍得扔掉；长时间用同一个牌子的漱口水,即便味道自己不喜欢,也不会轻易去换品牌。因为你已经在同一种商品身上花费了一定的金钱,如果这时候产生否定的态度,那就等于否定了自己,这种不认同是大脑所排斥的。

最后,心理学存在一项"选择支持倾向"的概念,这是人们在购物过程中的重要心理表现,能够贯穿于整个购物活动之中。商品的不同品牌何止千万,能够在众多品牌之中做出选择并不容易,在做出最后的决定之前,我们往往会开展一系列的对比活动。不管最后的选择是什么,大脑总会明确地告诉我们:这个选择是正确的。

很多时候,我们总会把选择产品的过程视为理性过程,实际上,能够对我们的选择产生影响的全部都是感性因素。换句话说,倘若一个人"关闭"了自己的感性,完全依靠理性来购物,那么他是无法在一堆品牌之中做出选择的。而感性所操控下的大脑总是善于欺骗我们,以达到避免后悔,并提升愉悦感的目的。

仅仅是站在心理学层面,我们的购物行为,具体到外卖选择的行为实际上都是不自觉地,因为大脑已经为我们做出了决定。这些信息通常与我们的记忆存在一定的联系,这里的记忆指的是一些能够引起我们足够注意的"记忆点",它不一定是过去的点,即便是初次相见,也能迅速给我们留下一个深刻的印象。每当我们需要这类产品时,这个记忆点便会跳出来,促使我们选择同一个产品。

所谓记忆点,便是商品本身的特点,就拿一家餐厅来说,可以是室内的装潢、店内的服务、菜品的口味,抑或是独特的体验。总之,要有一个能够抓住顾客心理的契合点。

当然,餐厅的心眼并不止这些,而顾客的心理也比想象中的要复杂。我们常说"拿人手短,吃人嘴软",这实际上也是心理学之中的处世方式。如果我们去吃了一次海底捞,临走时想要拿走一点果盘里的西瓜,服务员却给了一整个西瓜。那么我们便会对海底捞产生一定的亏欠感,下一次再想吃火锅的时候,就一定会再次光顾。

每个人都有自己的价值观,"物以类聚,人以群分",人总是喜欢与自己价值观相近的人接触和交流。相应的,每个餐厅也有自己的价值观,我们通常称之为"企业文化",如果一家餐厅的价值观能够有效地输送进顾客的心中,并且取得对方的认同,那么顾客一定会把这家餐厅当成"自己人",在就餐选择上,也会更加偏向。这就像一家餐厅用餐前必须提前预约,以确保一定会有位置,并且能够保证上菜速度,那么存在这方面需求的顾客一定会更愿意前来光顾。

因此,如果你时常光顾同一家餐厅,那说明在心理上便会存在诸多倾向。你习惯多次点同一家的外卖吗?

"门店新客"——每次都这么过瘾!

点外卖除了能够果腹之外,倒也给了顾客们另一些生活的乐趣。在吃货之中,不乏一些喜欢"尝新"的人,他们换外卖的频率非常快,每次都以寻找新商家为目的。问及缘由,答案各异,倒也体现出了不同的心理特点。

第一种心理:"买椟还珠",包装得胜。

一位名叫"白菜在吃糖"的网友表示,她非常喜欢一些外卖的包装,每天在等外卖的过程中,期待包装的样子比期待饭菜还要强烈。

这似乎有些本末倒置,她解释道:"为了吸引消费者,外卖商家花费了不少心思,很多商家便开始在包装之上做创新,以致很多外卖包装看起来都非常别致,其上或许还附上了诸多个性的文案。虽然只有短短几句话,但读着总是很逗,像有共鸣似的,就像'好的不像外卖'、'吃饭要有范'、'我来承包你的胃'、'慈母手中勺'等等。"

"不止如此,同事们每天也都会点不同的外卖,然后我们就开始互相看看对方的外卖包装,想来也挺欢乐的。"

也就是说,寻常的点餐活动,舒缓了整个上午的劳累,也承接着一个精神十足的下午。外卖到了顾客手中,且不说饭菜的味道如何,仅是看到包装,也能令人心下愉悦,这便给顾客的用餐带来了良好的心情。顾客在体验这些独特包装的同时,与同事们比较包装的新奇倒也成了一件乐事。而再新奇的包装,点过一两次之后也会变得普通无常。于是,寻找新商家,探寻新包装便成了每日外卖选择的一个影响因素。

第二种心理：满减至上。

小女巫在选择外卖商家时，大多会通过满减力度来进行筛选。因为她是一个人订餐，要想达到配送数额，又不用承担太多餐费，满减力度大的商家便成了她的首选。

为了寻找那些满减力度大的商家，她经常会在新商家中穿梭。

"有的商家要达到30元才有满减，而且减免的费用也很低，这通常不在我的选择范围之内。其实很少有商家在20元以下就满减，但也不是没有，'满20减20'的商家我也见过，这些便成了我的首选。其实，外卖的味道说不上多好吃，但也不会太差，如果能够在果腹的同时尽量少花费一些，那就完美了。当然，作为一枚吃货，时常换商家也是为了满足我那挑剔的味蕾。"

第三种心理：新商家促销优惠。

门店在开业之初往往会存在大幅度的优惠政策，果子利用起这一点，不仅尝到了一些新口味，还减了不少"便宜"。

"新商家的优惠有很多种形式，有的是'门店新客立减3元'，有的是'买就送饮料'，也有的是打折力度非常之大。总之，相比老商家，其优惠还是挺大的。'花钱少，吃得好'便是我喜欢做'门店新客'的理由。"

第四种心理：纯粹的新鲜和期待。

当问及小醉大人原因时，他并没有向上述几人一样说出具体的理由，只说是单纯的喜欢新鲜的东西。

"我好奇心挺重的，总想尝试新的事物。作为吃货，对于美食的种类更是欲罢不能。我没法将可以尝试新美食的机会浪费在已经吃过的美食身上，除非它特别美味。我喜欢找新商家点外卖，一来是为了尝鲜；二来，这会有一种期待感，一种到底是什么味道？会有怎样的用餐体验？的期待感。这是老商家所无法给我的。"

外卖常吃面与粉，心境犹如"九连环"

面与粉除了易饱、浓烈之外，还有一个特点——它是一种与嘴唇和口腔接触的最为充分的一种食物。在食用的过程中，面与粉会在口腔中完全释放自己的滋味，而食用之人也能最大限度地与其进行接触。有人沉迷于这种味蕾的亲密接触之中，由此对于面、粉类食物也形成了特殊的感情。久而久之，便形成了一种特定的人格——口腔型人格。

该类人格由弗洛伊德提出，深刻揭露了一种人在生而为人之初以至长大成人之后的性格特征。

口腔型人格的形成来源于初生时期未被满足的一种需求，在婴儿出生18个月之前便已经潜伏起来了。人在0~18个月被称之为"口欲期"，这时候，婴儿最需要的便是通过口腔去了解身边的任何事物。对于婴儿来说，父母的喂食和爱抚是必要的需求，如果这两项生理和精神需求没有被满足，婴儿的内心便会出现极大的恐惧，害怕自己会被抛弃，且这种想法极为极端。这些潜在的影响伴随着婴儿长大，他们时刻都会认为自己的生命有所缺失，并且得出自己没有人爱，也不值得被爱的想法，反映在人格之上，便会形成口腔型人格。

这种人格的外在表现通常为性格悲观，容易依赖，而且伴有洁癖。他们的人际关系并不乐观，时常会感觉自己内在空空荡荡，对于外界的肯定与支持通常是非常渴求的，但他们又不会轻易地流露出这种心态。很多口腔型人格的人都非常聪慧，他们能够站的比旁人都高，这本是一件值得骄傲的事情，却应了那句曲高和寡，更加深了他们的孤独与痛苦。

面、粉类食物的味道通常比较刺激，往往非辣既酸，过多食用对健康是有害的。于是，喜欢点面、粉的人群往往单身人士比较多，而在周末、深夜，或是无聊的时候选择的频率最多。一个人生活的时候，面对健康与自身的享受，这类人一般会选择后者。因为身边没有关心自己和自己关心的人，为了寻找存在感，需要在食物的身上搜寻一些刺激的味道，通过味蕾的活跃度来告诉自己"我还活着"。

在与人相处的时候，这类人总是会表现出我想要别人照顾、想要别人爱我、想要别人给予的信息。他们对旁人非常依赖，因为认定自身内在空虚，所以外界的一切关系都是他们的"救命稻草"。有时候，他们会缠住他人不放，这种形同包袱的依赖总会把别人吓跑。于是，他们真的成了被抛弃的人。他们以为这是自己的命运，却从不愿意承认这个结果的始作俑者其实是自己。

因此，这类人便会形成一个不讨人喜欢的自我认知，他的自我形象就会被自身放低，从而产生一系列自卑的情绪。而这些负面情绪经过慢慢发酵，逐渐演化成了缺乏安全感、容易退缩、苛求别人，以及遭遇挫折便易怒，甚至仇视别人的心理，最后归结到整个世界的物质都是极度匮乏的。在弗洛伊德看来，那些喜欢点外卖选择面、粉的口腔型人格的人群会表现出习惯性吮或咬手指、喜欢吸烟和酗酒、比较贪吃，以及依恋接吻等行为。

或许，我们身边存在很多口腔型人格的人，他们其实并没有那么讨人厌，但旁人与其相处的时候总是会感觉很累，甚至产生整个人都被这类人掏空的感觉。每当这时，旁人的心里便会产生远离的想法，却总是发现他们正抓着自己不放。

受到伤害的口腔型人格会形成一种自我防御机制，他们也会作出向外界发起攻击的行为。这种攻击的主要表现形式便是语言，他们最擅长喋喋不休，甚至习惯打断别人说话。在说话的过程中，不论任何话题，他们都会尽可能地聊到自己身上去。他们的眼神时刻都在寻求关注，并且试图把所有的目光都"勾"到自己身上来。

他们的语言不是为了彼此沟通，而是被自己当成了一种防御机制——通过听取自己的声音来挡住威胁，并且获得安全感，借此证明自己对身边的事物存在影响力和主导权。

他们的索取意识通过语言的方式呈现出来，喋喋不休的状态有时会令人感到厌烦。但他们还是"执迷不悟"，直到自己获得别人的关爱，他们才会拥抱自信，体会到生命完整的感觉。

拥有口腔型人格的人与"需求满足"之间形同两条平行线，他们时刻都在追求后者，怎奈接触无望，因此永远都体会不到满足的滋味。

人类总是对没有得到的东西更加心心念念，所有的行为都来源于一个个未被满足的渴望。而当有些渴望得以满足时，大脑便会逐渐将其遗忘；相反，若是某些渴望没有得到满足，那么这种需求便永远都不会消失。

口腔型人格的人一直走在追求需求满足的路上，这也证明他们从未得到过满足，所面临的只是一次次的抛弃和失望。久而久之，他们不再开口索要，不再对外界建立信心，他们开始绝望了。

但这并不意味着此类人会被口腔型人格"杀死"，虽然他们看起来变得无欲无求，但是言行之间却以一种隐藏的方式释放一些信息：我不会再主动索求了，但是你们要懂得照顾我。他们在无形中给旁人"布置"了这项任务，不管对方察觉与否，只一味地等待着任务完成。

当然，当他们仍旧无法获得别人的关爱的时候，他们也会"醒悟"过来，明白得到的同时是需要付出的。于是，他们开始像自己需求他人一样去照顾别人，去付出。但同时，他们的潜意识开始要求回报：我照顾了你，你一定要报答我。这种行为就像是一副伪善的面具，给了他们莫大的安慰，在他们看来，自己定然是存有爱心的，于是便开始相信一定可以等来回报。

因此，口腔型人格的人非常喜欢付出，也具备一定的奉献牺牲精神。在精神层面，他们会通过服务他人来体悟自己存在的意义和价值。这种想法愈积愈厚，稍有不慎便会跌入深渊：他们沉醉于证明自己的满足感之中，却忽略了自己的承受范围，甚至于一味"输出"，直到自己油尽灯枯还不自知。这是很危险的，而他们之所以乐此不疲的原因是他们相信这是有条件的——我付出了，你必须有所回报。

但遗憾的是，人总是乐意索取而吝啬付出的，所以他们得到的回报少之又少。于是，他们的内心再度空虚起来，追求需求满足的欲望便愈发强烈。由此，便会形成一种愈求愈空、愈空愈求的恶性循环。

喜欢外卖点面、粉的人沉醉于口腔与事物的充分接触之中，渴望这种密切的关系能够给自己带来心理上的安慰，他们的身体中，都住着一个智慧却又敏感的灵魂。他们需要真正地明白"给予"和"接受"的含义，也要学习如何正确地索求回报。所有人都是一个个体，想要在纷杂的社会中好好生活，就必须学会自爱、自立、自我满足。唯有自己强大，才不至于在失意的时候将希望寄托在他人身上，才能有效地避免被抛弃的经历。

爱吃卤味吗？那你一定是位小公主

吃货的心理最难以抵挡的便是味蕾的刺激，而卤味作为一种极具诱惑力的美食，轻而易举便能俘获吃货的心。但人的心理具备一定的复杂性，仅仅在卤味种类的选择上，便能够细化出多种不同的心理活动和性格表现。为此，下面介绍一项名为"卤味种类与性格心理"的研究课题：

研究人员示意志愿者们点一道卤味外卖，要求是要涉及多种类型。

周小妹："不如我们点些自己喜欢的，这样种类就多了，还能吃到很多种呢。"

墨存："你想点什么？"

周小妹："我都打听过了，三官堂街新开了一家周黑鸭，现在正在打折，非常实惠！"

周小妹确实钟情卤味，本来正有说有笑呢，外卖来了便一声不吭了，鸭脖鸭脚啃得非常投入。

墨存："这么喜欢吃卤味啊，肯定经常点外卖吧？"

周小妹一边啃一边说道："当然，这是我最喜欢点的外卖了。"

墨存："虽然好吃，你也别经常吃，不健康的。"

周小妹："那你还拿着一块鸭掌啃！谁说卤味不健康了，不仅是这些，很多肉、蛋、菜都是可以卤的，甚至坚果都能混合进去，营养均衡得很呢！"

喜欢画画的墨存拿起的是鸭掌。因为存在掌筋，鸭掌上的肉与骨头贴合得非常密切，这便需要吃货用牙齿将美味的肉一点一点剔下来。但这个过程往往会耗费一定的时间，因此便成为消磨时间以慢慢享受卤味鲜香的最佳选择。

选择鸭掌的人往往性情比较温和，这也符合墨存的气质。再加上这类人非常细致耐心，所以才能钟情于画画这种需要全身心投入的安静活动。

梧桐拿起一块鸭锁骨："一天三顿饭，都不知道吃什么好，难得有美味的东西，唯有爱与美食不可辜负啊。"说着看了看身边的百香果。

梧桐选的是鸭锁骨。鸭锁骨比较有趣，明明以"骨头"自居，却还是怀揣着鲜嫩的筋肉。当牙齿在搜寻脆骨和肉的同时，对于肉的追求也能得到一定的满足。为了追求这种满足感，一些喜欢吃肉的吃货反而更加青睐于锁骨。他们比较随性，同时又追求实际，性格上也相对亲和。

百香果拿起一块鸭胗："鸭锁骨不好啃吧？我还是吃肉来得实在。"

百香果选的是鸭胗。在鸭胗面前，骨头就要靠边站了。一口下去，全是肉的满足感，这对吃货来说是极具"杀伤力"的。鸭胗有种脆脆的感觉，非常有嚼劲，似乎在催促着你快些咀嚼以吃下一块。

喜欢吃鸭胗的人一般都是急脾气，他们总是风风火火，却是一腔真性情。

这时候，一直默默啃鸭脖的周小妹悠悠地说了一句："哎，你们俩这次旅游是度蜜月吗？"

这个话题顿时引起了大家的兴致，所有的进食动作瞬间暂停。百香果似乎有些着急："哎呀，不是，我们还没结婚呢！这是，是婚前旅行。"

梧桐接着啃他的鸭锁骨："快了，我们马上就要结婚了。"

墨存："那真是恭喜了，大家喝口饮料敬二位准新人一杯吧。"

虽然不同卤味的选择能够折射出一些性格特征，但钟情于全部卤味的人需要归结到同一吃货阵营当中，就像周小妹这类人，他们对于卤味的种类并不挑剔，来者不拒。

喜欢吃卤味的人大多是一些天真可爱的女孩子，她们吃卤味的心理并不是为了吃饱，而是享受那种滋味十足和啃咬的乐趣。她们总是相信梦幻般的东西，性格也像极了童话中的公主，于是她们的现实感便被削弱了。她们往往特别爱美，有着自己所钟爱的小情趣。

当然，她们也有着一颗追求八卦的心，她们往往是圈子里消息最灵通的人。即便周小妹一直在闷声不响的啃骨头，观察力也半点都没有减弱。所以她才会得知这家新开的周黑鸭，才会在啃鸭脖期间问一句"你们是不是蜜月旅行啊"。

我们之所以会点外卖，要么是懒得出门，要么是懒得做饭。于是，外卖便被定义为能够实时果腹的东西。但对于卤味来说，它的作用却并不在于果腹，选择它的人定然也不会指望可以吃饱，因此总会伴随着其他果腹的外卖一起点。这时候，吃货点卤味的心理就变成了一种锦上添花、满足味蕾的追求，是一种额外的欣喜。他们非常注重心理上的满足，因此便把在果腹面前显得有些"鸡肋"的卤味看成了不可或缺的美味。

洋快餐的魅力：一款让你放松身心的美食

作为最普遍的快餐种类，汉堡自然当仁不让。通过观察发现，同样是吃汉堡，不同的人吃总能吃出不同的"花样"，也能体现出人的心理与性格。

一位男士手拿汉堡与面前的小孩子（大概是他的儿子）有说有笑，他在吃的时候似乎并不着急，总是找一些边缘处下口。

一些习惯细嚼慢咽的人为人处事往往比较谨慎，遇事也能做到镇定有方，不至于惊慌失措。他们行事非常有条理，不管是房间还是办公室都能收拾得井井有条。谨慎有时会给人一种"慢性子"的感觉，但他们的谨慎不是不懂得紧迫，而是明确循序渐进的道理。

不过，这种性格同样存在一些弊端，即便是本着按部就班的原则稳中求进，也会因为考虑的太多而拖延进度。因为他们对任何事情都不急切，所以在面对一些事物和处理事情的时候便会萌生出一种"慢工出细活"的感觉，这会把他们全部的注意力都投入进去，有助于对整个事件形成一个全面的了解，却也使得他们很容易便会迷上某些事物。

一位独行女性点了一个存在汉堡的套餐，在吃汉堡的时候，她没有把包装纸拆到一半然后拿在手中开吃，而是将其完整的拆开，然后拿起整个汉堡掰成了两半，拿起其中一半才开始吃。

这种吃法较为独特，这类人的性格是非常认真的，不管做什么都会有一个很好的态度，行事的时候也会非常谨慎。当遇到自己喜欢的东西时，他们不会非常急切地去索取，转而更加尊重他人的意见。而在这种"过分客气"之下，被人占便宜也成了常有的事。

在靠近窗户的沙发座椅上，有一位年轻的小伙子正在大快朵颐地享受自己的早餐，他拿起汉堡咬了一大口。看着他的"吃相"，倒有一股酣畅淋漓的感觉。

这类人普遍不拘小节，性格也较为豪爽。他们有胆量去做一些具有挑战性的事情，而对一些小事便显得毫不在意。跟他们相处总感觉他们的性格风风火火，是一些想到什么便会立即去做的行动派。因为有热情，所以有信心，更有好胜心，而这些心理也促使了他们不屑理会别人的意见。

但这种情况所带来的后果便是过分冲动，以至于吃亏的是自己。

你喜欢在点外卖的时候选择洋快餐吗？不管你吃相如何，作为一款男女老少通吃的美食，洋快餐都是一款让你放松身心的选择。

换一种外卖？小心心情会微调

所有的心理学原理、心理效应同样存在一定的适用范围，就像科学的产生是一个"从特殊到一般"的过程。凡事总有例外，就像原本爱吃甜食的人因为身体原因不得不放弃这类美食，这不是心理上的转变，而是一些外化原因。虽然他已经不在属于"追求甜食"的阵营，但依旧存在爱吃甜食的性格特点。

心理现象总是繁而杂的，其所研究的对象，诸如人的性格与想法也是千差万别的，这就给研究的过程与结果带来了众多不可控的因素和变量。但一些针对性的心理学理论还是面世了，就像"不是所有人都喜欢吃橙子"一样，为了研究喜欢吃橙子之类人的心理和性格，我们不得不把那一小部分不喜欢吃橙子的人"剔除"出去。这时候，喜欢吃橙子的人是为大众，代表的是理论结果的一般性和普遍性；而不喜欢吃橙子的人便被视为特例，并被归结到科学的特殊性之中。

心理学面向的是全人类，任何科学都无法兼顾每一个人的情况，因此理论研究同样存在一些特例，只不过这些特例太过少见，从而被理论所忽视了而已。"外卖识人"能够在一定程度上反应人的心理与性格，却不排除存在某些特例。但这种特例毕竟在于少数，为了理论研究的落实，只能顾及"一般"，而放弃"特殊"。

在通过点外卖的种类而分析人的心理与性格时，结果并非一定是贴切的。在选择外卖时，行动的产生存在很大的主观性和不稳定性。人虽然会长时间偏爱一种美食，但也存在突然之间想要换个口味的情况，若是在这种"特殊"的状态中做出分析，那么性格的评定便会产生一定的偏差。下面我们来做一个测试：

在景区的民宿大厅里，窗边的单桌旁坐了一个人，他正在吃外卖，外卖的种类很家常——西葫芦炒鸡蛋和土豆丝。

这份外卖的种类是出人意料的，既然是出来旅游，大吃大喝似乎才是正理，既然要吃夜宵，也应该是别的选择吧？起码买几串烤串、点一份西餐才合常理。但转念一想，或许是他本身喜欢清淡的食物。

喜欢吃清淡食物的人往往性情较为温和，并且是善于交际的。这类人喜欢群居生活，对于单枪匹马的孤独感觉是非常讨厌的。

明确了他的性格之后，研究人员上前与其交流："你好，是在吃夜宵吗？"

他已经吃得差不多了，似乎不好意思地回道："是啊，半夜有些饿了。"

"我昨天下午刚到这里，你来陕西几天了？"

"我前天就在了，明天下午就离开。"

"要不我们留个联系方式吧？"

"好啊。"

但他们却同时发现彼此并没有带手机出来，随后相视而笑。

为了缓解尴尬，研究人员继续找着聊天话题："看你吃得挺清淡的，是喜欢清淡的美食吗？"

他此时已经放下了筷子："奥，没有，这两天上火嗓子疼，已经几顿没吃辣了。"

"原来你喜欢吃辣啊。"

"是的。"

"上火的话应该是水土不服吧，确实应该吃清淡些，多喝点水。"

他点了点头，二人再度闲聊了几句，便互相告辞了。

最初，因为看到这位游客在吃清淡食物，研究人员便循着该类食物的特性把那位游客归纳到了相应的性格范围，在交谈过程中，却并没有发现他善于交际的特性。对此，研究人员产生了疑虑。之后，通过进一步谈话才得知他其实是喜欢辛辣食物的，不过是因为"上火"这一外化原因才致使他的饮食种类发生了改变。

喜欢辛辣食物的人往往比较豪爽，但也容易发脾气。与喜欢清淡食物的人相比，他们看上去更加活跃。但在当时的谈话过程中，他并没有太过活跃，似乎多了几分沉稳。

于是，在几道问题面前，研究人员的判断失误了：

第一，研究人员一开始将其判断为喜欢清淡食物的平易近人的人。但他看上去并不怎么善于交际；

第二，明确他属于喜欢辛辣食物的具有"攻击性"的人之后，却察觉他并没有那么活跃。

这似乎是一种"外化——食物——心理——性格"的连串作用结果。首先是身体原因促使他不得不转换食物的类型，然后该类食物的特性对其本身的心理产生了影响，使得他原本"攻击性"、"活跃性"的性格表现发生了减弱，进而向由清淡食物所影响的友善、亲和方向转变。

最终的结果，致使他的心情发生了微调，走进了一个"辛辣"与"清淡"之间的"中间地带"。这种情况在现实生活中其实并不少见，在饮食的选择上，能够对其发生影响的内在、外在原因有很多。一旦我们决定"尝尝鲜"，换一种不常实用的食物，那么食物的特性便会作用在个体的心情之上，并促使其发生一些细微的变化。

外卖就像是一面可以映射出内心的镜子，当然这面镜子的影像也会因为某些原因而出现偏差。于是，原本的心理和心情便会发生一定的微调。如果你想尝试不同的心情，不如在点外卖的时候试着换换口味吧。

CHAPTER 08 视觉心理：用眼睛"吃"东西的乐趣

在形容美食的时候，通常会用"色香味俱全"来表述，其中排在首位的是"色"。这体现出了第一印象的心理，就像两位陌生人相见，首先关注的是对方的面貌和衣着，至于内在则需要进一步的相处才能得以了解。

当我们面对美食的时候，"冲锋陷阵"的往往是视觉与嗅觉，当美食的卖相抓住我们眼球的那一瞬，它的气味也会自然而然地游走进我们的鼻腔，想要品尝的欲望才会萌生，进而强烈。

在人的感官器官面前，对于美食的认知通常是视觉、嗅觉、味觉共同作用的结果。如果只是去想象一种美食，那么最先发挥作用的应该是视觉。它会促使大脑形成一个意象化的画面，这个画面虽然没有味道的刻画，却在品相、色彩、轮廓上形成了非常具体的表现。

这是一种视觉心理，由色彩、光线、构图等因素所支撑。被应用于影视制作当中，为我们呈现出了一些观之令人垂涎欲滴的美食节目。

你知道吗，观察有机食物会左右道德判断！

美食对于个人心理和性格的影响不仅在于品尝之后的味蕾刺激，仅仅是视觉上的冲击也能形成一定的影响。这就像我们看到奶茶就会想象醇香的味道，看到葡萄就会产生是甜还是酸的联想……

视觉心理同样可以把美食的特性作用于人的心理与性格之上，进而影响人的决策和行为，产生与就一种美食判断个体性格和心情所相似的作用。

当人们面对同一种类的水果或蔬菜时，如果其中一筐是有机的，另一筐是工厂化生产出来的，那么前者总是更受欢迎。这时候，人们的购买心理已经偏离了食物本身的味道，甚至发生了扭曲，而真正的选择标准却变成了环保、福利与公平贸易。

在此之前，一项有关有机食物的心理结论"仅仅凭借观察有机食物的图片，便可以促使人们对于道德判断呈现出更加严格的决策与行为"成了假说。为了证明这项结论的合理性，一个针对食品口味的测试实验应运而生。

研究人员在每位志愿者面前放了两个小盘子，盘子里放了两种完全一样的食物，第一次是两小块西瓜。

实验即将开始，研究人员介绍道："在大家面前有两盘西瓜，左手边的是有机西瓜，右手边是普通西瓜。请大家试吃之后为二者的口感和味道打分。"

志愿者先拿起了左手边的有机西瓜，口感很清凉，味道也有着浓郁的果香，尝起来还是很不错的。接下来又吃了右手边的普通西瓜，味道上感觉不如左边的"香"，整体感觉稍逊色一些，在打分环节也更青睐左手边的有机西瓜。

最终打分结果出来了，有机西瓜的得分遥遥领先于普通西瓜，所有志愿者都认为有机西瓜的口感更好一些。

接下来，志愿者们又进行了两轮试吃，分别是品尝苹果汁和大枣，左右两个盘中放的是同一类食物，但都存在有机和普通的区别。三轮打分活动下来，每一轮都是有机食物更胜一筹。

在实验的最终环节，研究人员向所有志愿者公布了最终实验结果，但得知真相的志愿者们却有些不可思议——在左右两个盘子当中，第一次的西瓜是从同一颗西瓜上切下来的，其味道和口感实际上是完全一样的；而第二次的苹果汁是研究人员故意把有机和普通的标签放反了；最后一次的大枣其实都是有机食品。

也就是说，志愿者们根本就没有发现所谓的味道差异，其分数的呈现不过是根据"有机"或"普通"的标签来决定的，是一种完全意义上的心理作用。在整个过程中，大脑混淆了志愿者们的判断力和感觉。研究表明，有机食物确实是健康食品，但它在口感和味道上并不会比普通食物更加优越。能够说明的是，大众对于社会所公认的存在道德观念的有机食品是更加青睐的。这是一种"我站在正义一方，所以存在优越感和自豪感"的满意心理。

研究人员表示，这类心理之所以会被呈现出来，主要原因在于志愿者们事先被告知了有机食物的选项，因为大家都明白有机食物的价值（这是最为重要的因素）。去做值得的事情总能鼓舞人的斗志，如果你想让大众重视某个事物，那就把这个事物的价值告诉大众，如此一来，目的便会达到。

有机食物在普通食物面前是存在道德优势的，优越感和满足感向来都是大众所追求的东西，自然也更受吃货们所青睐。既然同样的食物在味道与口感之上并无差异，对于吃货来说，心理上的满足便成了食材选择的最新标准。

面对有机食物，吃货们便会油然而生一种庄重的严肃感，此时，食物不仅仅是作为一种美食，更成了一种象征。这种特性会进一步地影响吃货们的心情与心理，使之对于身边的事物产生更加客观的判断。如果你对某些事情犹豫不决，或是在两种选择之间摇摆不定，不妨看一眼有机食物吧，它的特性会帮助大脑作出更加确切的选择。

💡 看一看不要钱，快餐店竟然还有这些"心机"！

在心理学研究领域，色彩能够对人的心理产生一定的影响。而鲜艳的颜色具备增加人的食欲的功能，一些暖色调的搭配总能给人营造出一种愉悦和开胃的感觉。美食的特性能够影响人的心理与性格，而美食的颜色同样可以通过联想的作用对其施加影响。当人们看到红色的时候，便会联想到红烧肉、西红柿等食物，橘色的作用也比较明显。相比之下，一些绿色、黄色对于人的食欲便会产生一种抑制作用。因此，"水煮蔬菜"看上去总是令人提不起胃口。

食客有了食欲，快餐店便有了销路，这是它的第一重心机。但快餐店的心思并没有这么单纯，它们对于色彩的利用也绝不仅限于此。

暖色调的装饰会在一定程度上"混淆"人的时间感，当有吃货沉浸在快餐店的美食之中时，周围的暖色彩便会在人的心理上营造一种"时间已经过了很久"的错觉。反之，冷色调却能令人产生时间过得很慢的错觉。

在心理学领域，有一项关色彩的实验，研究人员准备了两个独立空间，他们的空间构建都是相同的，差别是一处的装饰以粉红色为主，另一处则以深蓝色为主。两名被试会在同一时间分别走进这两个空间，在没有任何时间工具的情况下，被要求按照自己的感觉在1小时之后出来。

半小时过去了，两个人都还没有出来，到了48分钟的时候，粉色系空间的人率先出来了；而等到85分钟的时候，待在蓝色系空间中的人才走出来。他们皆是预估着1小时的期限出来的，结果一个早了十几分钟，另一个则晚了十几分钟。

于是,"暖色调可以令人造成时间流逝的错觉"这一心理学理论便在众多研究中被证实,就此也被快餐店所利用,从而缩短食客们逗留的时间,以增加餐桌的使用效率。

于是,这也呈现出了一种普遍的社会现象:快餐店是绝对不适合等人和座谈的。时间在无形之中被拉长,焦躁开始侵蚀人们的耐心,若是要等的人再迟到几分钟,烦躁的心情怕是要爆发了。

除了餐厅的整体色系,灯光与器皿的色彩同样不可忽视。对于盛放食物的瓷盘来说,最常见的色彩便是白色,这也是为了更有效地凸显食物的色彩。但也有一些人会把盘子当成一种艺术,因此一些带有色彩的盘子便被一些匠人打造了出来。加入蓝色彩的器皿同样可以凸显食物的颜色,因此一些白底蓝边的器皿也被广泛地应用。

除此之外,快餐店的室内布置想来比不过一些舒适的咖啡厅,这不是老板没有能力装修,而是整个行业的"潜规则"——既然不舒服,那便不会逗留太久。处处都在上演"赶人"的戏码。

仅凭一个眼神的交流,快餐店便将广大吃货们的心理牢牢握在了手中,既让我们开展了消费活动,还在无形之中时刻"清场"。对于快餐店的心机,你中招了吗?

美食直播为什么这么火：看的不是美食，是寂寞

一些美食教程和美食体验节目最早在美国与英国兴起，在人气的不断堆积之下，逐渐蔓延到了全球。美食吃播的源头在韩国，早些时候，博主向粉丝们展示的是优雅的吃相和丰盛的美食。后来，该类节目开始向"吃货"和"大胃王"之上靠拢，据此赢得数百万粉丝的关注，并迅速火遍亚洲。

这些吃货博主的粉丝们非常热衷于观看主播的进食行为，甚至每天都会拿出固定的时间去观看。在心理分析当中，美食能够刺激大脑的愉悦区，给人带来一种满足感和平静感，在观看美食直播的同时，一种幸福感也会油然而生，甚至会使人沉迷。不管是美食教程还是美食直播，对作为观众的吃货们来说，他们要的不是实用性，而是一种难得的治愈性。就像"我关注一道菜的制作方法，我可能永远都不会去实践，但观看的过程能够给我带来一天的好心情"。

美食直播与味蕾间的享受不同，眼前的这些美食只占据了"色香味"的"色"字，味觉和嗅觉均派不上用场，仅仅依靠视觉便能俘获吃货们的心，这听起来着实神奇。走进一家餐厅，总能看到一些食客正在手机上观看美食直播，他们有的是两人结伴，有的是独自一人，在专注地看视频的同时，也会时不时地低头扒一口眼前的饭菜。似乎主播吃的同时，自己也在进食，进而几乎忘记了桌前那真真切切存在的饭菜。对于千千万万的吃货观众来说，沉迷美食直播具体都体现了哪些心理呢？

第一重心理：基于人性弱点之上的分享心理。

"社交网络"之所以会以"社交"为名,其含义便是为了连接他人,分享故事与心情。因为食物是人类的刚需,所以在分享连接这一环节中,美食的地位是不可忽视的。

　　当博主开播的时候,总会引来众多粉丝的互动,博主在这个过程中能够获得一种影响力的满足感,而粉丝们也能通过模仿行为去寻觅博主所享用的美食,从而形成一种使得美食直播迅速发展扩大的良性循环。

　　一个人吃饭总是很孤独的,这时候,独行食客总会习惯性地打开手机,以此来寻找一种陪伴感。看到周围有人在看美食直播,食客也会不由自主地进入此类直播间。既然现实中没有人陪伴吃饭,那么博主的分享便会成为治愈孤独的良药。在观看的过程中,还可以与主播互动,主播也会与粉丝们聊天,就像朋友面对面一起吃饭一般。

　　在心理学领域,对于能够吸引人们注意力的事物被赋予了这样的定义:当一些事情不同于人们日常所熟悉的东西,但又和它们存在一定联系的时候,人们的注意力便会被吸引过来。美食直播使得日常所见的食物变得不一样了,但这些美食确实与我们的生活息息相关。当下,人与人之间的交际实则在逐渐淡化,并且出现了众多条条框框的规矩。这些距离感和束缚感使得越来越多的人变成了"独居者",比起与身边的人交流,他们更愿意选择独守直播,通过"打赏"的方式建立起一股"模拟"的社交关系,通过互动来实现所谓的"社交分享",将自己那积少成多的孤独以别样的方式排解出去。

　　第二重心理:好奇心的驱使。

　　在韩国最初推出吃播类节目时,很多人对此并不看好,每个人都要吃饭,吃饭有什么可看的呢?但随着吃播的流行,人们发现博主们往往比常人吃得多,吃得好。观众们不禁疑惑:整天这样吃饭,真的不会生病吗?于是,好奇心产生了。

　　好奇使得我们逐渐沉浸其中,在我们寻求答案的同时,我们的食欲也会被博主打开。对于博主来说,人每天都是要吃饭的,这与任何工作、任何生活都不冲突,如果吃饭可以赚钱,那又何乐而不为呢?

　　第三重心理:代入式暗示,以敦促自己减肥。

美食能够给人带来愉悦感，但同时也会带来困扰，比如肥胖，这令很多人苦不堪言。

于是，那些深爱的美食顿时成了禁区。克制对美食的欲望总是非常痛苦的，可是为了健康与身材却又不得不忍耐，这时候，得见别人大快朵颐似乎成了一种心灵的慰藉，如同自己也吃到了一般。这是一种心理满足，是不用真正去吃便可以"得偿所愿"的心理，无形之中达到了减肥的目的。

当然，每个人的思想终会回归现实，这种心理满足注定只能存在于精神层面。每当粉丝们看到主播的惊人食量，便会产生是否会发胖？是否不健康？的心理，并且会在后续的关注中找寻主播是否发胖的痕迹。在这个过程中，粉丝们会不断暗示自己：我不可以像主播那样狂吃，我要为自己的身材和健康负责。这时候，粉丝便会不自觉地将主播的进食行为影射到自己身上，从而产生警觉心理，以敦促自己在行动上克制饮食。

第四重心理：先入为主，追求潮流。

现如今，观看美食直播已经成为一种时尚潮流。被大众所认可的便称得上是"喜闻乐见"，于是，观看美食直播的行为便是一种时尚、美好的代表。这种思想随着美食直播的渐次深化而不断强化，就此形成了一种大众化的普遍心理。

好不好吃先不论,很多时候好看就够了

实际上,在人类的进食活动中,存在"进食动机"和"进食行为"两个不同的概念。科学家们曾经在小白鼠的身上获取了这样一个信息——存在强烈进食动机的个体并不一定会完成进食任务。该项实验也证明了能够诱发进食动机和引起进食行为的神经中枢来自两个不同的反射系统。也就是说,即便你存在强烈的进食欲望,当食物真正来到你面前的时候,那个控制你进食行为的反射系统不一定会"同意"你去进食。

由此可见,想吃和会吃总是不同的,它们也不存在必然的联系。所以吃货们不必担心用眼睛"享受"大餐会带来实际上的"身体犯罪"。因为我们能够进食的量是有限的,而观察美食的过程却可以相对延长,这也说明我们出现进食冲动的频率远比进食行为要高得多,而观察美食的行为也能够在一定程度上缓解进食冲动的频率。这一理论得到了医疗界的广泛关注,针对当下进食紊乱的一些病症,"看美食"可能会被当作一种治疗方法来使用。

好的食物能够进入胃里,也能看在眼里,更能走进心里。而用来看的美食也是一样,该项活动不仅可以勾起人的食欲,还能在一定程度上慰藉人的心灵。

用眼睛"吃"东西在心理学领域可以被视为一种代偿心理,这是一种处于"神魔边缘"的心理状态,即它利弊并存,在个体的心理环境中,很容易便可令人进入一种"一念成佛,一念成魔"的境地。

在生理学层面,"代偿"是人体的一种自我调节机制,身体的各个器官在正

常状态下会各司其职，各有功效。但当其中一个器官发生病变时，尚健全的部分或是其他器官便会代替病变器官的工作。

代偿心理在日常生活中非常普遍，简单来说就是个体产生了一些欲望，但这些欲望却得不到满足，因此只能通过欲望嫁接的方式将自己的行为转移到其他事情上，通过完成其他活动而达到满足的目的。这就像很多人在没有遇到自己另一半的时候，会喜欢养宠物，并且将自己的爱意全部挥洒在宠物身上一样。

这种"代偿"存在两个层面的形式：自觉和盲目。这两种形式会带来两种截然不同的结果，当前者出现时，代表个体非常明确自己的缺陷所在，因此会有针对性地扬长避短。这就好比工作或学习使人的身体处于疲劳期，不管是心理还是生理，个体都希望能够好好休息一番，这时候闭目养神或是听一听舒缓的音乐便会对当下的状态有所缓解；但对于后者来说，个体对于自身的情况难以形成一个明确的定论，由此便会带来过分代偿的行为，造成过犹不及的畸形发展，甚至会影响人格的统一。这时候，一些潜藏着的心理冲突便会显露出来，处理不当便会发展成为心理疾病。很多父母在成长的过程中吃过不少苦，因此便会想着把所有好的东西都留给下一代，就此带来了诸多溺爱的后果。也有的父母穷极一生不得志，便把出人头地的念头全部寄托在子女身上，强迫子女为他们的"理想"而活，反而筑就孩子青春期的叛逆心理。由此可见，代偿心理算得上是一把双刃剑。

代偿心理虽然能够以积极的形式排解自身无法达到的愿望，但也不可避免地存在一些危险缺陷，这是能够给个体带来心理问题的陷阱。不管是自觉还是盲目，倘若仅仅是为了减轻自身欲望无法满足的痛苦，很容易便会闯进"过分"的阵营。

人的愉悦感在于精神力量的调节，欲望的产生与转移也能够通过自身的调节来实现，为了自身的心理健康，要学会通过自己的努力进行自我欣赏和肯定，学会让自己给心理带来满足。

人总是喜欢追求美的东西，就连日常所见的食物也被冠以爱称——美食。卖相好的食物更容易获得人们的青睐，仅仅是看到一些美食的画面，大脑也会产生一种愉悦感，以营造一种似乎自己品尝到了美味食物的错觉。这时候，看美食便成了一种代偿心理，一种个体因为种种原因吃不到美食，进而将吃的欲望嫁接到看的心理。在这个过程中，希望吃美食的欲望便得到了一定程度上的发泄。

人未开动，手机先"吃"

在朋友圈中，"晒美食"似乎成了一种网络时尚，吃饭之前先拍照似乎成了大家约定俗成的社交习惯。但随着这股风气的兴起，另一股言论也不胫而走——这种喜欢先"喂"手机的晒美食心理是否是一种心理疾病？

该言论一出，在吃货界引起了不小的震动，难道我们的一项日常习惯竟然被冠上了心理疾病的帽子吗？随着言论的发展蔓延，越来越多的人开始表示"晒美食"是一种不正常的心理行为。在舆论的声浪下，英国的一家报纸报道了权威精神科医师心理主任的看法：如果一个人存在过分记录一日三餐的做法，那么不排除他患有饮食障碍的可能。这则报道似乎坐实了"晒美食实际上是一种病态心理"的说法。

这样的结论令众多吃货们纷纷躺枪，但他们并没有将该项行为定义为心理疾病，只是将其看作为一种寻常习惯，就像喜欢摄影一样，有的摄影师专门喜欢拍一些静物的照片；而有的画家专门喜欢画天上的云朵。这些只是个人喜好，如何能称之为病态呢？

为了全面探讨吃货们对于"晒美食"的看法与心理，研究人员打算找一些深谙美食拍照的吃货们好好聊一聊。

兔斯基夫人离开校园踏入社会尚不足两年，因为在大学所在的城市工作，因此与一些大学同学仍旧保持着密切的联系，大家也会不定时地出来聚餐。几个吃货凑在一起，对于"吃货礼仪"非常明确，每当饭菜上桌，首先听到的便是多个手机拍照的声音——大家普遍沉浸在这种欢愉的范围之中。

兔斯基夫人表示，饭前拍照，然后发朋友圈一直以来都是大家心照不宣的行为。其实，除了美食，他们也会拍一些合照。这些照片记录了好朋友之间的点点滴滴，是一种维系和体现友谊的方式。

这些照片的意义不仅在乎当下，而且一直陪伴着她。每当工作任务繁重的时候，兔斯基夫人都会翻出朋友圈中的美食照片，这时候，心中的郁结和身体上的劳累便会一扫而光，脸上焦躁的表情也会被不经意间的笑容所代替："每当这时候，我都会感到无比的轻松。"

当她听到"晒美食其实是一种心理疾病"的说法时，却只是付之一笑："这些想法也不过是个人想法罢了，我并不认为我喜欢给美食拍照会给自己的生活带来什么糟糕的影响。与朋友聚会拍照留念原本是再平常不过事情，没有必要说的那样复杂。我偶尔会品尝到一些奇特的菜式，便会拍下来与朋友分享，然后借机约饭，我们不过是想多聚聚罢了。"

兔斯基夫人将"晒美食"的行为视为一种朋友之间分享喜悦的媒介，只当它是一种普通的日常行为。

第二位吃货名为流苏，她是一名重庆的在校大学生，那是一个美食遍布的城市，而她也是一个视美食如命的吃货。平时在和同学吃饭的时候，大家总是要等她拍完照才能动筷，有时她还会拍好多次，等来等去菜都凉了。对此，与她一起吃饭的同学均有些怨声载道。很多时候，大家也会催促："不要再拍了，再不吃都凉了，拍照有什么用呢？"

但流苏却不以为然："重庆的美食数不胜数，我下一次再吃到这个不知要等多长时间，难道你们就没有向身边朋友分享美食的想法吗？"对于她来说，留住美食的影像要比趁热品尝美食重要得多。

但是吐槽之声仍旧围绕在流苏周围，有一次更是令身边之人大为震惊。当时大家围坐在圆桌前，桌上是一份热气腾腾的重庆火锅，她正要拿起手机拍照，不料手机却没电关机了。流苏立时就慌了，赶忙借同学的手机拍照，并且在微信上发给了自己。

这件事情被同学们念叨、嘲笑了很久，但流苏仍旧没有放弃给美食拍照的习惯。在她看来，自己远离家乡来到重庆，吃到了很多以前没有吃过的美食，她想通过用照片记录美食的方式为自己建立一个"重庆印记"。为之后的日子留下一些有意义的回忆。

最后一位名为橙橙橙子君，相对于前两位吃货，这位"橙子君"似乎显得有点特立独行。他也喜欢"晒美食"，但他并非钟情于所有美食，而是唯独对面情有独钟。

在他的朋友圈中，所有的美食照片似乎清一色的都是面，各种品类都有，很多都叫不上名来。在配文中，他总是会介绍面的名称、味道，以及自己吃面的心情，有时也会写上这种面的故事，包括历史、来历等等。诸如陕西的油泼辣子彪彪面、重庆小面等。

他喜欢吃面，也喜欢晒面。常常在美食软件中搜索附近街道的面食餐馆，也尝试了不少面食，每次都会拍下面的照片，然后才开始大快朵颐。

对于橙橙橙子君来说，他并非在单纯地分享这些面食，他还将此发展成了一种社交手段——特地创建了一个QQ群，里面聚集了全国各地志同道合，即对面食情有独钟的朋友，创立半年便集结了近200人。橙橙橙子君表示，能够交到五湖四海的朋友实属人生幸事，与此同时，他们还会在群里通过发面食照片的方式分享各色各样的面食，就此了解到了不少中国的面食文化。既能广交友，还能长见识，何乐而不为呢？

同样是一件事，不同的人总会产生迥异的见解，这也是分歧产生的开始。很多人将"晒美食"的行为归结为一种心理疾病，他们认为饭桌就是享受美食的地方，若都拿起手机东拍西拍，放下手机菜都凉了，还谈什么美味呢？而那些躺枪的吃货们则表示，中国的饮食文化博大精深，各大菜系更是各有韵味，来到一个新的地方，便会接触一些新的美食，用照片记录一下未尝不可，这不过是一种生活态度。

双方阵营各执一词，没有一个清晰的定论。荣格心理咨询所所长周矩表示，对把"晒美食"说成一种生活态度的想法不置可否，人总是存在一定喜好的。但凡事要掌握分寸，如果一个人对于"晒美食"存在过分分享的行为，那么他有很大的概率患上了心理疾病。

这类人对于美食极度敏感，不管是在餐桌上，还是在网上看到了美食的图片，他总是会拿起手机拍下来，然后开展一系列的分享行为，那么他已经呈现出强迫倾向了。判断"晒美食"的行为是否已经落入心理疾病范围，其标准要看个人的沉溺程度，当然还要结合性格特征等因素综合测评。

作为吃货，为心爱的美食拍照，然后与他人分享，这是一种正常的沟通行为。重要的是注意分寸，如果长期习惯性的作出"晒美食"的行为，便需要考虑是否为强迫行为。

你有没有对一种美食"一见钟情"过?

对于吃货来说,偶然间也可以对某种食物产生一见钟情的感觉。在医学层面,当我们注意到一个能够使自身欢喜的东西时,大脑便会发生快感反映,整个过程用时只有0.2秒。当大脑处于一种兴奋状态和表现出爱意时,大脑的12个区域都会受到影响而产生活动,并且开始分泌一些神经传导因子,这里面包含了多巴胺、肾上腺素等。

1957年,美国社会心理学家洛钦斯提出了"首因效应"的概念,这主要应用于人与人之间的第一印象。我们在接触某个人或某个东西时,大脑都会通过最初的信息对其形成一个最初的印象,而这个印象具备"先入为主"的特点,即短短的信息量决定了大脑的主导印象,并且会对我们之后的相关言行和评价产生决定性的影响。

之后,在首因效应的基础上,美国心理学家爱德华·桑代克又提出了"晕轮效应"——如果你对某个人或某个东西已经形成了第一印象,那么这个对象的其他方面的特征也会在脑海中渐次成型。

人类存在"社会知觉",不管是对陌生人,还是对身边的事物,最初接触的信息哪怕只有几秒钟,也与长时间接触所得出来的印象存在高度的一致性。这也说明了第一印象的重要性。当大脑对某个事物形成一定的印象之后,经过长时间的接触,我们自然而然便会对这个事物产生一定的预测和评价,而在这个过程中,首因效应发挥着极大的作用。这个作用到底是如何产生的?在心理学领域,一般存在四个心理发展阶段，拿我们观察到一款美食的心理来举例：

第一个过程是注意力的消减期。

当我们最初见到一款美食时，可以是图片，也可以是实物。是图片的话，我们只能接收到有关"色"的信息，但这足够令我们去联想它的"香"与"味"；如果看到的是实物，那么"色香味"全都有了，大脑接收到信息相较较多。这个时候，大脑会尽可能地关注菜品所有的特点，以便我们能够更好地去了解它。

但过了一段时间之后（如果我们依旧没有品尝这道菜），大脑会产生"我已经足够了解这道菜"的错觉，因此对它的关注便不会再如最初见时那样热切了。当需要对这道菜做出一些预测和评价时，我们只会根据大脑中原有的已知信息作为基础，并且认定这已经是足够的信息量。这个时候，如果这道菜还有我们不知道的特点，只要这个信息出现的较晚，我们对其的关注力就会有所降低。

第二个过程是认知漠视期。

一旦我们对某道菜产生了第一印象，并且随着时间的推移逐渐深刻，对于随后出现的新信息，大脑只会进行有选择地接收。倘若出现了一些与我们的第一印象所不符的信息，大脑一般是不会承认的。这是一种自我防御心理，即我们的内心并不喜欢自我否定，因为这会给心理带来消极的感受。而为了证明认知的正确性，我们在面对悖离信息之时，会不自觉地去寻找那些能够支撑最初判断的印象。

第三个过程是反应在行为之上的动力机制。

这种行为多用来巩固已经形成了的第一印象，即便这个印象存在不符实的地方。就像我们对一道菜产生了好印象，在点餐时便更加倾向于选择尝试；倘若一开始对它的印象不好，我们便会有意无意地避开选择。

最后一个过程是偏见同化期。

人的想法是主观性的，在想法形成的过程中，大脑会有选择的过滤信息。因为人只会看到自己想看到的东西。当一些信息出现的较晚时，我们总是习惯性地让这些数据向我们最初的观念与认知上靠拢，以此来减少或避免内心的冲突，杜绝会给自己带来不适的心理。

CHAPTER 09
心理波动：你的喜怒哀乐已经被美食掌控了！

"吃"作为心理学的一个切入点能够直达人的内心深处，与内心情感紧紧联系在一起。心理学中有一个奇怪的现象——心理状态会随着食物的不同而发生改变，人的喜怒哀乐仿佛被这些食物所操纵，甚至一道饭菜或是一杯香茗就能够左右人的思想、决定人的态度，那么这些日常所见的美食到底是如何影响内心情感的变化和需求的呢？

心理总是神秘而难以捉摸的，它瞬息万变又无迹可寻。有趣的是，"吃"却能够成为打开这道神秘大门的一把钥匙，当我们"众里寻他千百度"，回首时却发现它躲在食物背后的"灯火阑珊处"，心理的变化素来有"意马心猿"之称，它被寻常所见的食物所掌控也算是一件很有意思的事了。

吃掉美食背后的文化：集体无意识

1922年荣格在《论分析心理学与诗的关系》提出这一概念，荣格认为人类在长期经验积累之下会产生一种沉淀性质的共同的精神体系。他认为人的无意识有两种：一种是由婴儿时期与自身成长环境、性格以及后天成长经验相关的个体无意识，另一种是具有普遍性的、代代相传的、比婴儿期更早出现的烙印于个体心中的类似祖先意识残留的部分，这被称为"集体无意识"。文化积淀是集体无意识得以发展的基础，对于文化与集体无意识的具体关系，荣格并未做详细的阐述，但在他的著作中，似乎都在揭示着二者之间千丝万缕的联系。荣格曾提到他做过一个梦，梦到自己在一个双层小楼的第二层，这一层是洛可可是家居，这种建筑被称为"凝固的音乐"，当他下到第一层，发现第一层的设计为中世纪的红砖，色调略显黑暗，梦中的他还发现了一条通往地下的楼梯，那里陈列着原始的骨器。荣格认为他梦到的这个沙龙就是"集体无意识"，历史的沉淀以无意识的形式呈现。

个体无意识是指由"情结"组成的那些曾经在个体意识中出现后来因为种种原因被遗忘或者消失的内容，集体无意识并不像个体无意识那样依照个体的经验而存在，集体无意识从未在意识中出现，它依靠的是遗传，"原型"是集体无意识的重要组成成分。荣格认为的这种遗传，正是一种文化的积淀，很难被察觉，它潜藏在无意识之中影响着我们的为人处世。这种无意识的文化累积虽然很难被察觉，却也会依托于外部的载体——艺术体现出来。就这一点而言，艺术家和作家们是精神分析学派最好的研究对象，不同于其他人，艺术家和作家们很容易在自己的作品中注入情感，更容易将自己的内心活动用艺术或者文字的形式体现出来。我们探寻文化，也是在探寻创作者的心理。《诗经》中收录百首词，皆是当时各地人民的闲余创作，"岂曰无衣，与子同袍""青青子衿悠悠我心"都为世人津津乐道；《离骚》中尽是屈子的怀才不遇与家国抱负；《大卫》当属米开朗琪罗最得意的作品，这样巨大的雕像被饱尝困苦的他赋予了自己最美好的理想。

集体无意识会因为地域、文化而出现差异。集体无意识是存在于我们意识最深处的，神话可以说是文化启蒙时期人们的意识的一种体现，东西方的诸神各自构成完整的神话体系。我国一直敬畏女娲补天与伏羲造人的神话，西方则有他们的上帝与亚当夏娃。如果仔细比较，我们会发现造人的故事是如此相似，在未开化时期，人们将对自然的敬畏、对自身的未知结合各式各样瑰丽的想象变为一种具有艺术价值的符号。除了神话，集体无意识还存在于梦境，不仅只是揭示个体无意识还能体现我们共同的心理特征，周公解梦虽然没有科学验证，但在某种程度上体现了集体的无意识。我们生来会怕黑会怕蛇，这就是文化积累下的集体无意识的体现。但我们信奉龙的图腾，我们是龙的传人，龙，在远古时期由先人靠着想象创造，文化发展进步，我国一直遵行儒家学说，从汉代到当今时代，随着儒家学说的渗入，对其他学说的包容，我们将自己的信念与这样的学说进行糅合，即便没有读过这些先贤的作品，我们也懂得尊师重道、长幼有序。

文化的积累会在潜移默化中影响个体甚至群体的心理，而群体的共同心理特点又在促进文化的进一步发展。近几年，常有网友戏称端午节为粽子节，中秋节也作月饼节的称呼，食物似乎与节日似乎已画了等号。各地拥有不同的饮食文化与习惯，南方人爱吃的甜豆腐脑与北方人爱吃的咸豆腐脑，端看两者，咸甜"水火不容"，却有共性，南方人也吃得咸豆腐脑，北方人亦吃得甜豆腐脑。

我们吃的每一道食物都有它存在的文化渊源，不同时期，它会被赋予不同的含义，我们不仅要吃食物本身，还要学会吃食物背后的文化。

得寸进尺——"登门槛效应"

美国社会心理学家福里德曼曾经提出过一个知名的心理学效应叫作登门槛效应（Foot in the Door Effect）。

登门槛效应认为：其一，人的行为都会有他存在的最初动机，而在人际交往中，人的动机往往是复杂的，人们会在交际的过程中面对形形色色的人和不断变换的场景，那些比较简单的要求也就更容易被人们所接受。其二，人们总是愿意去塑造良好的形象，留给他人更好的印象，他们愿意在交往中保持前后一致，尽管对方的要求并不合理。所以如果你想要别人去接受一个很难的要求时，最好先从最简单的要求开始，一旦他接受了这个较为初级的简单要求，那么他也就更容易去完成你更高的要求。

1966年，福里德曼J.L.Freedman和弗雷泽S.C.Frace进行了"无压力屈从的登门槛"实验：他们指派两位大学生到郊区去做随机访问，访问的对象是家庭主妇，其中的一位大学生会在访问时请求这些家庭主妇完成一个小的要求——将志愿者给的标签贴在自己家的窗户上。过了两个星期之后，两位大学生对那些家庭主妇进行回访，这次他们要求这些家庭主妇可以在自己的院子里树立一个不算美观的大木牌，这可以算是比较大的要求。最终，实验结果显示第一次答应了小的要求的那些家庭主妇中有一半以上的人再次应承了第二次的大要求，而那些从未被访问过的人答应大的要求的人只有十分之一左右。实验者再次让助手来到另一个地方的两个居民小区，对那里的第一个居民区的居民进行访问，并要求他们可以在自己房子前面树立一个呼吁安全驾驶的标语牌子，这一直接要求遭到了很多居民的明确拒绝。到了第二个居民区，实验人员首先要求那里的居民在一份关于安全驾驶的请愿书上进行签字，结果很多居民答应了，几周后，再次来到这个小区，并要求他们树立一个写有安全标语的牌子，接受的居民非常多。

实验研究人员认为，人们对于难以做到的事情或者违背自己意愿的事情一般选择拒绝，这是很正常的现象。但是当一个人无法拒绝一个很小的要求的时候，便会增加这个人同意这个小要求的心理倾向，一旦它完成了这个小的要求，他就会对自己的形象进行管理，将自己纳为"善良"、"助人"的行列，并且会形成一种自我概念——关心社会、关心他人。这时，随着小要求而来的大要求就显得无法拒绝，如果他拒绝这个大要求，他就会产生自我认知上的不平衡，这种不平衡会产生很大的心理压力，这种心理压力会让他更加关注这些事情，并且会做出更多的与要求相关的行为，这种态度的改变慢慢会变得持久。也就是说，当一个人接受了某个小的要求之后，为了维护前后一致的形象，迫于内部的压力，他会再次接受更高的要求。

在《伊索寓言》中，有一则小故事便是运用了登门槛效应：某个夜晚，风雨交加，有一个乞丐到一个富人家里去乞讨，富人听到敲门之后，便打开了门，乞丐说："我的衣服都湿透了，希望您能让我烤一下衣服，谢谢您的善心，好人有好报。"富人听罢，便让乞丐入内烤火。乞丐将衣服拿到厨房的火炉旁烘烤，又问富人："我可以借用您家里的锅吗，我只是想自己熬制一碗石头汤。"富人听闻很是好奇，不知道石头汤什么样，便回答："你做一碗石头汤吧，我没有见过。"乞丐用了锅，将石头洗干净放在锅里煮，他又要求放点盐，接着便是菜、肉，最后熬煮成功，他将石头捞出来，把美味的"石头汤"喝完了。

这种"徐徐图之"的心理效应在各个方面都有应用。当我们在日常生活中买一些零食时，常常会出现一些试吃，这些试吃并不会主动推荐，当你感兴趣时，摊主才会热情地让你尝一尝，一旦尝了又不买，我们就会产生心理压力。当我们在餐厅点餐却有不知道餐厅的特色时一般会让服务员推荐几款比较不错的菜式，一旦我们选中了，服务员可能会将更高品级的菜式推荐给我们，不论是作为吃货还是为了面子，我们往往难以拒绝。当教师面对学习成绩比较差的学生时，也可以恰当应用登门效应，对于学生先提出小的容易完成的要求，循序渐进，那么他的学习成绩就可以得到改善。

💡 欲得寸先进尺的"留面子效应"

"留面子效应"又叫作"反登门槛效应",与"登门槛效应"不同,"留面子效应"的初始目标便是那个小的要求,所以先将大的要求抛出,这个时候人们一般便会拒绝,这时再转而提出较小的那个要求,人们往往更容易答应。

心理学研究者查尔第尼R.B.Cialdini在帮助慈善机构进行募捐之时,他发现那些在募捐箱旁边标有"哪怕仅仅一分钱也好"的箱子募捐到的钱财往往更多。而且他做了一个实验,对人们顺从和互让的心理进行了研究:实验人员随即挑选了一批大学生,并将这些大学生分为两组,对第一组大学生提出的要求是带领孩子们去少年宫参观游玩,极少数大学生答应了这样的要求;对第二组大学生的要求是希望他们花费两年的时间待在少年管教所,对那里的问题少年进行义务辅导,几乎全部的大学生都拒绝了这个要求,实验人员马上提出要第二组大学生带着孩子们去动物园游玩两个小时,他们当中一半以上的人答应了这个要求。查尔第尼认为,在人际交往的过程中,当人们拒绝了一个较为难的或者不符合自己意愿的要求之时,他们往往趋向于同意一个更小的要求,因为拒绝别人的时候,自身的印象管理系统的作用启动,便会造成个体在认知上的一种不平衡的状态,面对小的、简单的要求时,反而更容易去接受。

留面子效应的产生,还可能是因为人们在拒绝他人时会感到一定的自责和内疚,在完整的心理机制下,同情心也是其中一部分。拒绝他人的要求,主体可能会感觉到无力感,这便大大损害了主体对于自己应该具有同情心、应该乐于助人的期望，为了能够恢复自己的良好形象，主体往往会通过完成一个较小的要求来作为补偿。

有这样一个小故事：两家顾客流量差不多的卖粥的店铺，两家店在晚上结账时却看出了差距，右边粥店的营业收入总额总是比左边粥店的营业收入总额要多三百块。细心观察发现，左边的粥店的服务很热情，当客人进门，服务人员会面带微笑给那人盛好粥并问顾客要不要加鸡蛋，顾客要么说加，要么说不加。而右边粥店的服务同样热情，不同的便在于服务人员会问顾客加一个鸡蛋还是加两个鸡蛋，一般来说，即便不爱吃鸡蛋也会选择加一个，极少数会选择一个也不加，所以难以抗拒的选择摆在面前，自然右边粥店的营业收入会更高。

在日常生活中常常会用到这样的心理效应，有些看似"退而求其次"的要求或许在一开始就已经看准了那个更低的要求。比如，朋友之间借钱，便很可能会出现这样的情况。如果你一张口就借五百元，除非对方是极为亲密的朋友，估计对方不会答应，而如果你先说借五千块，对方更不可能答应，但你转而借更少的钱，只要五百，那么对方为了道义或许更容易答应借给你。在教学中也可以运用，对于一些学生，老师会对他有一定的成绩上的期望，可以告诉学生："满分的成绩对你来说要求太高了，这样吧，这次你先拿个85分。"给学生带来希望和压力，他会更容易去完成目标。

当"头等大事"遇上正事

吃是人生的"头等大事",作为群居动物,我们每天都要与身边的人打交道,处理人际关系就此成了比较重要的"正事"。而当"头等大事"遇到"正事",二者又会擦出怎样的火花呢?关于二者的关系,心理学领域做了如下实验:给到被试一个情境事件,让被试在纸上写出自己对这个情境事件的看法。然后根据被试的观点,选择与之相反观点的报告内容呈现给被试,并且告知被试这是具有权威性的观点,观察被试是否有所动摇。最后将所有被试分为两个小组,一组依然呈现与之相反的观点,另一组会在呈现观点的基础上提供给被试美食与饮料。实验结果发现,提供美食的一组被试绝大多数选择改变自己的观点,认同给出的"权威"观点,而另一组被试依然坚持自己的观点。

这项发现在很多领域都得到了推广,超市在促销的时候往往会推出试饮活动,如果我们没有抵住诱惑饮用了试饮,便很有可能会采取购买活动。在茶店,茶老板一般会给茶客泡上一壶茶,边喝边讲茶中的故事,一个初入门的茶客往往无法拒绝这样的款待,一个浸淫多年的老茶客却觉得这是理所当然,古色古香的装饰,清雅甘醇的茶水,周全细致的茶道礼仪总能促成一桩桩可观的交易。此外,车展、美术展甚至美容行业也都喜欢用美食攻陷客户。产品的交易活动是冰冷的,而提供了美食,就有了人情味,这也是获取好感非常重要的一步。

心理学是探索人的科学,美国人本主义心理学家马斯洛的观点可以很好地解释我们在谈判中被款待更容易妥协的现象。马斯洛认为人具有各种各样的需要,他将这些需要分为五个层次。

生理需要是人在生存过程中最基本最原始的需要,我们的生存需要充足的食物、适宜的温度,婴儿甫一出生就知道要找寻食物,睡眠和进食是他们最基本的生理需要。

第二层是安全的需要,我们习惯规避风险,所以在生活中会为自己的财产做风险评估,会关注相关的医疗制度,也会追求安全健康的饮食,这些都是长久生存的需要,我们整个机体的运作、智能的使用都是在保证安全的同时寻求长久的发展。

第三层是归属的需要,这表现在我们渴望获取他人或者集体的关心,渴望得到情感的安慰,希望能与社会其他成员交往和被其他成员接纳。归属的需要还受到自身的宗教信仰、经历、教育和自身生理特征的影响。

第四层是尊重的需要,我们每个人都希望在社会中找到自己的定位,获得一定的地位,并且得到他人的认可和认同。尊重的需要可以分为外部尊重和内部尊重。外部尊重即外在的地位、身份,获得的成就等,受人尊重的职业也能满足人们获得尊重的需要,例如教师或医生。内部的尊重就是我们的自尊,我们对自己的认同感,对自己的评价等,自尊受到多方面的影响,内部和外部的,自尊作为一种对自我认知和情感的一种心理水平,时刻影响着我们应对外部环境的方式。

第五层是自我实现的需要,它表现在人们希望能实现自身的价值,能够发挥自己的长处、挖掘自身的潜能,达到自己既定的高目标。马斯洛认为自我实现的人应该是这样的:首先能够认识自己,了解自己的同时还能够认识别人,能够分清现实与想象,能够独立地解决问题,具有超高的自主性、幽默感、创造性,对于事物永远保持好奇,不停地提高自己的鉴赏能力,对社会和集体有浓厚的兴趣,有一定的反潮流精神。就像奥斯特洛夫斯基在《钢铁是怎样炼成的》的一书中表达的思想,"不因虚度年华而悔恨",我们在某个时间总会回忆过去发现都是时光虚度,记不起曾经做了什么,当我们内心充实,有目标有理想时,我们不会感到彷徨。

这几种需要呈现出金字塔形式,逐级升高。我们在不同的时期对这几种需要的迫切程度是不同的，某个阶段最迫切的需要会占据主导，这个需要成为我们的动力，将会在第一时间得到满足。当某一低层次需要获得满足时，我们会向内寻求更高层次的需要，但是低层次需要不会因此而消失，就像饥饿不会随着我们被伙伴簇拥而消失一样。马斯洛的需求层次理论并不针对个别个体，而是普遍性的，着眼于大的群体。心理学领域认为马斯洛的需求层次基本可以分为高低两级，我们最基本的就是本能的需要，高级需求都是本能需求的演化，需求是刻在基因之内的。按照这样的理解，个体可以被看作是高级的运算程序。

　　我们渴望被尊重，渴望被认可，被尊重和认可不仅表现在口头上，还体现在他人的态度、动作等方面。"细节决定成败"，我们往往喜欢从细节去观察别人，如果能够得到满意的反馈，自然皆大欢喜。应酬时，我们在对方的招待中感觉被尊重、被重视，当我们被认可时，我们也会很乐意地去认可他人。各国交际都有着不同的礼仪，面对不同的人说不同的话用不同的礼仪。如果我们得不到对方认可，我们就会运用更多的心理力量去关注这一方面，反馈给对方的不认同，是双方相互耗损和自我损耗。所以，很多看起来是讨好的行为，不过是寻求一个认可而已。

咖啡、甜点：融化的心防

弗洛伊德曾提出过，我们在面对应激事件时，个体会感觉到紧张不安，心理防御机制会帮助我们调节这种紧张，缓解内心的焦虑。那么什么是心理防御机制呢？

心理防御机制即个体的自我防卫功能，如同铠甲一般，他会帮助我们恢复心理的平衡状态。

自我的压力和焦虑一般来源于环境的变化，自我、本我和超我之间的失衡状态，心理防御机制一般包括欺骗、攻击、逃避、代替和建设。

欺骗性防御机制，具有一定的消极作用。将意识不能接受的相反的心理灌输进潜意识，并且表现出一种压抑的与内部动机完全相反的外显行为。只要使用得当，就可以很好地缓解环境适应问题，如果使用过度的话，会造成严重的心理问题。比如"此地无银三百两"，想掩饰自己真正的动机，以相反的动作来表达。这体现欺骗性防御机制的反向作用。我们有时候倾向于将事实变得合理化，"吃不到葡萄说葡萄酸"就是在自我欺骗且扭曲事实以使这个信念能够说服自己。或者将事物美化，迷恋遮眼，容易将恋情中的一切变得甜蜜美好。有时候也会表现为根据场合的特点表现出不同的子人格特征。

攻击性防御机制，表现为转移和投射。转移在心理咨询中有一个对应的词叫作移情，移情就是一种转移。在心理防御机制中的转移，是将心理认定的不安全的对象的内容转移到安全可靠的对象身上。当你被一个肥胖的人攻击，你就会觉得天地下所有的胖子都是坏人，而且你会倾向于不和胖子交往。投射是自我对抗超我的一种形式，我们会将自己的欲望、想法加在其他对象身上，例如唐诗宋词中的咏物诗词，借物抒怀。

逃避性防御机制，相当消极的应对机制，分为压抑、潜抑、否定和退回。压抑往往表现在我们常常有意识地将意识中不能表达的或者自觉"危险"的信息压入潜意识，被"遗忘"于潜意识，以另一种形式出现，我们每天晚上要做好多梦，那些梦就是潜意识的体现，我们常常会在日常生活中出现口误或者笔误，这也是潜意识的行为表现。潜抑，则是无意识地将某些心理内容压入潜意识。比如俄狄浦斯情结就是潜抑的表现。否定，我们常常会否认某些客观事实以保护自己，否定并不是压抑，否定意味着事件还在意识中，只是被扭曲了或者被否认了。意志力不强的人一般采用否定的防御办法。退回，表现为在挫折面前突然变得幼稚不成熟的行为，比如课题太难被急哭了的情况。

代替性防御机制，以实物或者是幻想来代替自己缺失的部分。幻想能够丰富想象力，在孩童时代对超级英雄的崇拜往往让孩子们产生各种各样的幻想，幻想也可以帮助孩子们学习。对于艺术创作者来说，适当的幻想具有一定的艺术价值，天马行空又多姿多彩的幻想也在装饰着我们的生活。提到代替性防御机制就不得不提阿德勒的自卑——补偿理论，阿德勒认为我们每个人都具有自卑心理，为了弥补自卑，我们会寻找各种补偿形式，自卑是追求卓越的动力。就好像在减肥的人不开心会暴饮暴食，自卑的补偿可以体现在很多方面。

建设性的防御机制，表现为认同和升华。认同是对他人的认同，当自己不能达到某种成就时心理上会出现一定的落差，这时候我们会趋向于向比自己成功的人寻找心理上的安慰，即以认同高成就者的方式来消除自身的失落感，满足自己的成就感。认同也是儿童成长发育时期的主要任务，儿童用认同学习养成习惯，青少年则用认同来对自我进行肯定。升华，是将内驱力转化成社会能够接受的表现形式，比如当我们不开心时选择运动发泄或者听歌等。升华是一种积极的心理防御机制，它将我们心理中的冲突转化为有利于社会和自身的建设性发泄方式，无论是孩子还是成人，升华都是非常好的防御方式。幽默也可以算作建设性防御机制的一种，当很多不能表达的被压抑的意识以幽默的方式进行表达时，个体能够得到心理压力的释放，比如社会约定俗成，对于性，我们只能避而不谈，但是如果这类话题以轻松幽默的氛围被提及，我们会感到很轻松。

　　应对商务会谈或是面对比较重要的客人，就是心理防御机制的一种表现，我们都必须强迫自己绷紧一根弦，要表现出对方能够接受的自己，要时刻揣摩对方的每句话或者某个细微的动作，对方亦是如此，这时候的自己往往与平常的自己显得不甚相同。面对面坐下喝一杯咖啡，吃一口甜点，神经系统所需要的能量能够得到补充，我们能够调动更多的心力在谈话中，而互相之间也因为一杯咖啡变得热络不至于冷场，或可在交谈中彼此卸下心防。

不吃也要囤起来：囤积心理

每个人都会拥有一定的囤积心理。囤积有时候是很有必要的，比如储备粮食或者储备人力，但是有些人可能会更偏爱于囤积一些当下用不到的东西，像零食、报纸等。严重的囤积症往往需要心理介入治疗。

20世纪末，心理学家们发现婴儿对母亲的依恋关系在分离之时会寻找一种借以过渡的物体，心理学上称之为"安全毯"。诸多心理学现象也已经证明我们会在自己拥有的个人物品上面花费大量的情感，等到孤独寂寞之时，我们会借此排解孤单、获得温暖。可能我们也会将这些物品"拟人化"，作为自己最忠实的陪伴或者自己的一部分，当这些物品损坏或者丢失，我们往往会感到失落感。

英国进化心理学家尼克·尼夫认为，这可能是进化所导致的结果。因为人在进化的过程中，一直离不开最基本的生理需求，那就是食物，在残酷的竞争之中，原始时代的人们获取食物已经很难更不要说去保存食物了，这更加养成了人们数万年以来对食物的依赖，可以不吃，但是必须囤着，这是保障。对于一个吃货来说，囤积一些干果更是无可厚非。食物给了我们安全感，就像人们对工具的使用和依赖给了人们力量感一样，如果没有工具，人们一无所有的存在，人们便会感受到自身的脆弱。

外界事物对于人们来说变成了一种安全的心理寄托。这除了和进化有关之外业余依恋关系相关。

英国精神病学家鲍尔首先提出了依恋关系，经过心理学界长期的探索，最终将依恋关系分为三种：安全型依恋、回避型依恋、反抗型依恋。依恋关系最好的建立对象是母亲，在婴儿期，与母亲之间相处融洽，母亲总是能够满足婴儿的要求，那么孩子就会形成安全性依恋；如果母亲偶尔无法满足婴儿的要求，使得婴儿无法保证自己的"安全"，婴儿便有可能发展为回避型依恋；若婴儿期受到了某种形式的"伤害"，那么婴儿便有可能会形成抗拒型依恋。据研究发现，安全依恋类型约占一半以上，不安全依恋所占的比重有上升的趋势。

当人们受到不安全型依恋困扰之时，人们就会倾向于去依赖自己的独有物品。美国心理学家卢卡斯LucasA.Keefer进行了一系列实验证明了这一点，并且将该结果发表在学术性杂志上。在实验中，实验者要求其中一组被试在纸上写出自己亲密的人最近让自己失望的三件事；第二组被试被要求在纸上写出陌生人或者他们本人让自己感到失望的事。结果发现第一组被试产生了对伴侣或者亲友可靠性的怀疑并倾向于依赖自己的所属物。另外，实验者还让一组大学生在纸上写下对自己人际关系的不确定性，然后将他们的私人手机交上来，去完成一段写作。观察发现，那些十分不确定自己人际关系的人会在手机被收走后表现出更多的焦虑，而且他们的写作速度很快。

物体可以划为自己私有，它们没有感情、不会伤害，对于不安全性依恋的人来说，它们更"安全"。人总是需要人际关系的，当现实中的人际关系不能满足人们的需要时，人们便会转向动物或者物体，有些人喜欢养狗却不怎么与人交流，有些人喜欢囤积各种娃娃给它们起名却不愿交友。

人们通过将自己的人的属性赋予物体的方式来增强自己的社会联系感。心理学家们就此进行了进一步的研究，在这次的实验中，被试分为两组，一组需要想象与自己亲近的人在一起，另一组需要写出自己与一些熟人相处的体验，被试需要对主试给出的四件物品的社会属性进行评分。实验结果发现：想象与自己亲近的人在一起的被试普遍大风较低，而写下体验的一组普遍打分较高。实验人员认为这很奇特，仅仅是细微的行为的差异就可以产生这么大的影响。最近的一项研究也发现，人们不仅仅在觉得不安全时将物品"人格化"，一次来补充自己的自信与亲密感，当人们想念或者怀疑自己最亲近的人时，也会将感情寄托在物体上。就像分手的男女往往对对方或者自己爱吃的食物具有特殊感情一样。心理学家认为，对物体的依恋就像是安全港湾，人们喜欢的物体不仅可以弥补自身情感的缺失还可以帮助自身成长。2016年，社会心理学家伊恩·诺里斯提出，人们之所以喜欢消费，一部分原因便是他们在人际关系上缺乏安全感。他指出，自我具有社会功能，自我概念发展到一定的程度便会延伸出他人，如果自我意识不稳定，那么个体便很难去理解个体和他人之间存在的关系，当这些关系的存在并不能让个体获得满足时，个体便会借助外在物体的力量来弥补。

根据功能性核磁共振的呈现，心理学家们发现当个体在想象某个属于自己的物体时，对应激活的脑区与他想象自己时激活的脑区重合。

囤积物品或许会随着时间推移而发生变化，但是严重的情况下可能会发展成为囤积症，成为一种临床型的精神疾病，也就是说物体本身与个体之间产生了更为强烈的联系，他们可能一时也不能放弃这些物品。

心理学研究人员认为囤积症一般是因为三个因素：一是主体本身有抑郁和焦虑的状态存在，主体的感情非常脆弱，囤积症的存在帮助主体营造了非常坚固的堡垒。二是主体对于自己持有的物品具有错误的认知，他们认为自己有责任、有义务去照顾自己的物品，物品是自己的一部分，是不可分割的。三是主体在获得或者囤积物品的时候能够获得十分强烈的愉悦感等情感满足。根据2015年一项数据显示，认知疗法只能帮助三分之一的患者取得临床上的显著效果。情感上的纪念本身是一件好事，过度的囤积行为就需要一定的心理援助了。

💡 越多越好的"阿伦森效应"

在社会心理学中存在多种多样的心理效应,阿伦森效应便是其中一种,它与奖励有关,又对人们在社会交往中的印象管理具有一定的作用。

阿伦森效应是指对于那些奖励增加的事物人们会更喜欢,而对于那些奖励减少的食物人们往往会变得消极。也就是说自己喜欢的、具有积极意义的事物越多越好的一种现象。

美国心理学家艾略特·阿伦森(Elliot Aronson)发现了这一现象。阿伦森曾经做过这样一个实验:将参与实验的人分为四组,让这四组人分别给予某个人评价:其中第一组始终都是褒奖,第二组则是一贯的否定,第三组是先给予肯定然后再提出这个人的缺点,第四组则是先贬损这个人再褒奖他。最后观察一下被评价人对哪一组更有好感。经过几十人的测试,多番实验,最终得出的结果是,绝大多数人对第四组的评价人员最有好感,最反感第三组的评价人员。阿伦森认为,人们普遍对那些不断增加的赞赏自己的态度或者行为更为赞同,同时厌恶这种态度或者行为减少的情况。

之所以如此是因为挫折感,奖励逐渐减少,挫折感反而越来越多,小的挫折感人们都可以承受,一旦造成强烈的挫折感,人们往往不愿意去忍受。其实人生需要挫折感,就像我们在路上行走一般,我们的脚和地面之间并非光滑的、没有任何阻力的,相反,阻力和摩擦是一直存在的,基于物理学的原理更加有助于我们去理解。同理,我们想要获得成功、获得成就感,那就需要挫折,但挫折的程度是适中的，一个不是过难也并非过于简单的问题得到解决，我们往往更能获得成就感。但就像地面的摩擦阻力过大就会造成物体运动困难是一样的，如果挫折过大，我们疲于应对或者无法应对，我们便会产生强烈的挫折感，从而诱发出那个自卑而且脆弱的自我，表现出不自信。因此，挫折感过强的时候，我们往往倾向于外归因，将一切归咎于外部的环境，同时还会产生过度的自尊，对于外部环境中批评的声音难以忍受，对自己的人生道路充满困惑。适当的挫折感是人生的良药，过犹不及。

阿伦森效应带给我们的启示便是，无论是在日常生活中还是在工作中，都应该尽力避免因为自己行为表现而出现的他人对自己印象从好到差的情况，同时，在对别人做出评价时，更不要受到它的影响轻易判断从而造成错误的待人待物的态度和方式。

挫折感无处不在，生活中更是充满阿伦森效应的应用。

有个宿舍楼，宿舍楼的后面有一辆废旧汽车，孩子们经常喜欢去那里玩。他们爬到车子上，蹦蹦跳跳，玩疯了的"小恶魔们"制造出了很多噪音，影响到了周围居民的正常休息和娱乐，于是有人过来试图管教孩子们，孩子们却不听，反而越闹越欢。有一天，一个人过来对孩子们说："我们举办一个比赛，谁蹦得越高，制造的声音越响就算第一，可以获得一把玩具手枪。"孩子们听罢，十分开心，越蹦越带劲儿。最后蹦得最响的那个孩子果然获得了玩具枪。第二天，那个人再次来到这里，对玩耍的孩子们说："我们今天依然要举办比赛，今天的奖励是玻璃弹珠。"孩子们见奖品不如昨天，但还是有些价值，所以也在蹦，但显然没有昨天卖力了。第三天的奖品是奶糖，第四天的奖品只是两颗花生米。孩子们见奖品越来越小，直接拒绝了比赛，各自回家去看电视了。那个人采用这种"奖励递减"的方法，轻而易举便成功地解决了噪音问题。

阿伦森效应也会影响着一个人受到的评价。有一个刚刚大学毕业的人叫做艾伦，他被分配到一个新的工作单位。初入职场的艾伦决定好好表现，树立良好的形象。他每天都会比其他同事早到半小时，主动打扫卫生，为同事们接水、订饭，每天更是最后一个离开公司的人。他在节假日的时候还主动要求要加班。领导下放的很多任务，他都接了下来。其实艾伦本来不愿意做这么多，付出这么多仅仅是为了维护自己在他人眼中的形象，这个奖励比起损失来说太小了，得不偿失，而且艾伦的一系列做法之中含有过度表演的成分。很快，艾伦不再坚持早到晚退，不再殷勤帮助同事们，对于领导指派的有难度的工作更是颇有微词。结果，领导和他的同事们意识到他的转变，他们认为艾伦刚刚来公司的一系列行为全都是伪装，这些伪装代表了他不诚实，而一个人最核心的品质便是诚实，对艾伦的期待瞬间降低，甚至觉得他不如那些一开始就表现不佳的人。初入职场的新人，从大学步入社会，心理上多多少少会出现落差，为了营造第一印象，得到更多内部的赞许和认可，他会更加努力，但是随着他真正变为公司的成员，很多事情变成了他的"分内之事"，随之而来的赞赏减少，他努力的外在动力也就减少了。这一系列反应最终便是导致他苦心经营的"形象"崩塌。

对于吃货来说同样适用，就像一款甜点从最初好的美味和实惠到最后的价格昂贵且口味很差，或许中间也经历了阿伦森效应。

口腹之欲是否应该感到羞耻

我们常常会因为害羞而不敢向他人展示最真实的自己，这与道德无关，只是一种羞耻感，我们常常会因此感到不好意思，可能不敢在大庭广众之下演讲，不敢向心爱的姑娘表白，不敢告诉别人最爱的食物是臭豆腐……在某一时刻，我们屈从于内心的羞耻感，将大好的机会白白让给别人，自己徒留遗憾。因此带来的懊悔又会折磨我们。我们宁愿去欺骗自己也不愿意承受羞耻感。然而，无论我们怎么否认，它都是存在的。也有很多人为了逃避这样的折磨，索性表现得毫无羞耻感，其实他只是将自己的羞耻感压进了潜意识而已。

"羞耻"英文单词"shame"原本的意思是指"隐藏"，就像西方创世神话中亚当夏娃有了自我意识之后，他们开始用枝叶来遮挡自己的身躯，人们之所以感到害羞是因为人们在乎他人的评价，就像是名声与地位一样，没有人不爱惜自己的羽毛。羞耻感的成分包含自卑、自我意识、压抑与恐惧。如果别人发现了我们不同的地方或者说是他以为的缺点，他可能会嘲笑我们，这时羞耻感便带来了认同感的丧失。其实每个人都会面临羞耻感，除了自己以外的所有人都是品评的对象，在别人眼里，自己也毫不例外，一旦认识到这样的事实，我们便会知道自己的行为时时刻刻面临着某些威胁，也许我们会因此而去调整自己的行为，从道德层面来讲，这具有重大的意义，或许这会影响到我们自身的发展。

羞耻感的出现不仅与个人的家庭成长环境有关还与社会文化以及群体规则相关。"物以稀为贵"放在这个层面来讲，却不是"贵"而是异，人们对于未知的事物一般是抗拒的。就像同性恋一样，西方某些国家开始在法律意义上允许同性结婚，但在一开始以异性恋为主的社会，同性恋并非那么受欢迎：他孤独，渴望被认同，当他知道社会便是如此的时候，他会迫于压力改变自己，对于自己同性恋的身份会怀疑，会自我否定；也或许他不愿意背叛自己的内心屈服于舆论的压力，他选择了与喜欢的人生活在一起；又或者他选择了最折中的办法，决定孑然一身，孤独终老……就此可以看出，羞耻感反映了理想与现实之间的差距。

心理学家认为羞耻可以分为两种形式——原初羞耻和次级羞耻。

婴儿在与抚养者的互动之间，自体意识开始觉醒，他会逐渐发展出自体与客体的感觉，这个时期也是形成依恋关系的重要时期。通过对婴儿的成长观察，心理学家们发现三个月的婴儿就已经开始寻求抚养者的关注，若是得不到及时的回应，他便会低头或者退缩，心理学家将这视为羞耻的基本形式——"原初羞耻"。原初羞耻常常是无意识的，它是潜藏在无意识层面的自我体验，最终指向自我意识，所以也可以称之为自恋性羞耻。自体心理学家们更关注这种原初羞耻感，如果婴儿在一岁之前试图或者抚养者的回应时，得不到具有理解性的回应时，婴儿往往会体验到挫败感，会泄气，他的自体感受会很脆弱，这些婴儿长大之后往往很难向他人表达自己的需要，表达便意味着羞耻感。有些婴儿在得不到回应时所感受到的痛苦的体验会让他们主动运用解离的方式将原初羞耻压进了潜意识，这些婴儿长大后一般体会不到羞耻感，却会产生一系列的行为问题。比如成瘾、社交恐惧症，他们可能会觉得自己是异类，是有缺陷的、渺小的和毫无价值的，愤怒、蔑视、嫉妒和抑郁等则作为他们的防御性情感。

还有一些心理学家认为羞耻感发生于个体生命的第二年，也就是埃里克森所说的"肌肉——肛欲"期。这个时期，婴儿获得了自主性和自我控制的感觉。孩子会被教育学会如厕，一旦犯错便会受到惩罚，他因此也获得了羞耻感。这便是"次级羞耻"。这时候孩子可以分清楚自己和他人，羞耻感作为一种内部体验，由他人施加影响，表现为无法完成指令或者不能达成自己的期待。不同于原初羞耻，次级羞耻感带来的更多是价值感的缺失，更容易被主体在意识层面所体验到。这个时期的孩子的重要成长任务便是形成内在超我，与抚养者互动的焦虑也是后期形成道德性焦虑的基础。内在超我越是严格，道德性焦虑也就越强烈。他们长大后会因为害怕羞耻感以及自我谴责等体验，严格要求自己，情感不会过多外显，很难享受到内心的愉悦。尽管这时的羞耻感具有可体验性，但总归算是一种痛苦，所以人们会倾向于外归因，将错误全部归结于他人。

全世界有很多家庭和个人都承受着严重的心理问题的折磨，真正去就医或者主动咨询的数量并不算多，他们之所以不去做改善，不是因为他们不愿意而是因为他们的羞耻感。他们害怕被其他人的目光吞噬，甚至不敢正视自己的心理问题。羞耻感在整个社会之中具有它自己的结构性，心理的健康并不像医疗制度一样能够得到充分的保障，针对心理问题而存在的羞耻感或许是人们需要克服的一大难题。

羞耻感是可以克服的。心理工作者的工作便是要寻找咨询者与羞耻相关联的事件，无论是有意识的还是无意识的，咨询者对于自身的评价也与此相关。从自体心理学的角度来看，咨询师提供给咨询者的是客体环境的支持，旨在提升咨询者的自我功能，让咨询者能够直面内心的焦虑。在咨询者的帮助下，次级羞耻感从无意识转变到有意识，这时的需要对羞耻感进行评估，而不是急于揭露，考虑到咨询者的诉求，心理咨询师还要保证他不会崩溃，并且给他最合理的解释。

羞耻感的存在具有一定道德层面的约束，当然，这也会带来情感上的压抑。在不重口腹之欲的时代，吃货的心理便会受到压抑。但是，无论如何，讳疾忌医却是最要不得的，对待心理问题最好尽早寻找专业心理咨询师的帮助。

拥有健康心理的第一步：接纳自己

或许我们无法从道德的意义去判定心理的"好"与"坏"，任何心理的存在，都该给予最平等的正视。

跟随我们的习惯，往往那些正确的、健康的、友善的、成功的便是好的，"好"最重要的便是合群，和众人一样，没有什么大的区别，不特立独行也不标新立异，这是求同的好。一个不合群的人可能会被认为是不好的。对于一个人来说也是如此，那些快乐、愉悦的经历便是好的，那些悲伤、痛苦的经历便是不好的。心中得意便会对自己以及周围的一切满意，这便是好；心中不快，就会对自己的状态以及周围的一切不满，这便是不好，好与不好，我们实在只能看到其中一面。对于一切不好的东西，或许不该存在，所以竭力隐藏。然而并非如此，如中国道家所说，阴阳两面，好与不好其实是相互依存的。

只能接受好或者不好，即接受全好或者全坏，如果用克莱因的理论来解释那便是偏执分裂位。

克莱因发展了弗洛伊德的本能理论。在克莱因的理论中，被迫害的焦虑是偏执分裂位的核心。根据对婴儿的大量观察数据可以得出：在婴儿出生之时，死亡本能便伴随而生，同时被迫害的焦虑连同死亡本能一起被投射到外部。婴儿将坏的客体分离出来缓解焦虑。

分裂可以分为正常的分裂和精神病性的分裂，在《催眠大师》中有一个场景，开头出现的那个女鬼其实就是病理性的分裂，也就是那个坏的客体。病理性婴儿将坏的客体投射到外部寻求认同，本质上混淆了自体的边界，投射认同最终不再接触真实的一切，最后发展成为自恋，除此之外，还会影响到思维的发展，就像精神病性个体固执地认为其他人做的某件事意味着侵害等不好的行为。婴儿在缓解焦虑时可能会在内心塑造一个完美的客体，这称之为理想化。偏执分裂位形成的客体关系还具有局限性和不完全性，最终形成的个体看待外部事物的方式是非常极端的，例如非黑即白的极端化认识思维。在克莱因的《嫉羡与感恩》一书中还存在一个重要的思想：妒忌会摧毁美好，即好的客体，所以它也是死亡本能的一部分。

举个例子，国产动漫《大鱼海棠》，采用了很多中国传统的文化元素和日本先进的动漫制作工艺以及一个不算完美的故事，喜欢它的人称之为"国漫的崛起"，不喜欢它的人称之为"卖情怀的商业片"。这就像一枚硬币的两面，有些人看到正面，有些人则看到了反面。互联网是最"爱憎分明"的地方，喜欢一个明星那就会喜欢他的一切，不接受任何负面消息，不允许任何人说他一点不好，否则就要撸起袖子，唇枪舌剑地大干一场。不喜欢一个明星，那么他从头到脚都是错的，长得也讨厌，做慈善也是买名声。但是，这种态度的转变也很快。如果你喜欢的明星没有按照你设定的剧本发展，那么他就变成了讨厌的、不好的。舆论之下，娱乐至上，我们在要求着别人做一个至善至美的人，何等讽刺。

期待好的，恐惧和排斥坏的，这是我们的共性。因为坏的事物是被认证了的，最终会被排挤的、无法生存的。这在亲子关系中也有所体现，家长为了保证自己的地位和权威，将自己包装成"好"的，对孩子说"这么做都是为了你好。"家长的"好"永远连接着孩子的错，"这样做是错的"，孩子往往会根据这些评价将自己塑造成好的或者是不好的。父母将一条新生命带到这个世界上来，对他进行教养，如果父母自己本能接受"好"与"不好"实际上同时存在，那么孩子便会受其影响，无法忍受自己身上的"不好"，从而对所有的他认知意义上的"不好"都存在担忧。在中国传统文化中，礼义廉耻是非常重要的，甚至现在很多父母都在以言传身教的形式将这些教给孩子，但是如果是单纯为了面子上的"好"与"不好"，去回避一些生命的本质，那么就会产生问题。很多人之所以会出现问题，就是他认为自己是不好的、糟糕的，觉得得了抑郁症的自己很差劲；自己总是在犯错，一切都毫无意义；有了一些不切实际的联想，这和美好格格不入……最终，或许会走进心理咨询室得到好转，或许采取了其他极端的分离方式，而这将会使一切变得更"糟糕"。

咨询师通常被来访者视为"救星"，他们的工作便是帮助来访者解决问题，但并非知道来访者怎么做。在这里，便需要纠正大家对于好的心理咨询师的错误认知，任何好的心理咨询师都不会鼓吹自己是大师，对来访者进行指导或者默认来访者将咨询师视为全能的看法都会破坏咨询的本质，重复来访者童年的"悲剧"，不仅无法解决心理问题还有可能造成再一次的伤害。

一个极端的"全好"人，往往令人难以忍受，在咨询中有很多这样的例子。一次咨询中，杰瑞不停地诉说自己每一段感情都是全心全意的付出，可是为什么最后她们却离开了自己。杰瑞是一个完美的伴侣，这是理论上的，他温柔贴心、耐心细致，将家里的一切打理得井井有条，每时每刻都在为伴侣考虑。在工作上更是一丝不苟，他严肃认真地对待每一项工作，毫无纰漏，但是他的伴侣们离开他时说的最多的一句便是"你太好了，我觉得自己配不上你。"根据咨询师对他的家庭情况的了解，可以知道杰瑞的母亲也是一个特别"好"的人：在公司积极向上，是优秀员工，在家里贤惠勤劳，父亲几乎游手好闲。杰瑞便是在这样的影响下将自己变成了一个"十全十美"的人。但是杰瑞的世界充满了矛盾，他认同了母亲的"好"，排斥父亲的"不好"，还带有孩子气的恨。长大之后，他发现母亲的"好"并非全好，有时候也会强加给别人一些自认为好的事，进行情感绑架，这实际上是界限不清。尽管认识到这样的事实，杰瑞在处理自己的每一段关系时仍然采用了母亲对"好"的认识，对于伴侣无微不至的照顾，甚至忽略了伴侣也是独立的成人，而不是需要照顾的小孩子。杰瑞的成长环境决定了他不允许自己成为父亲那样的人。

否定所有的"不好"反而更容易一叶障目，从而在心理上产生障碍。了解世界，了解自己，让自身拥有更好的客体关系。"好"与"不好"本就是相互依存的，真正的成长就是要接受自己的"不好"，那时，你会发现原来一切没有那么糟糕。这便是心理咨询所要达到的效果。

"吃"也需要动机,你"认识"自己的进食行为吗?

任何活动都存在一定的动机,动机是内在的目标,又称内驱力。对于动机,最早的解释是本能理论,本能的渴、饿、性欲都是内在的动机。本能确实可以解释一些动机,但并非全部,我们的行为是可以通过后天的学习而发生改变的,人是高等动物,学习的机制会促使我们更加适应社会环境。瑞士著名心理学家荣格早期曾与弗洛伊德合作,后来创立人格分析心理学,与弗洛伊德分道扬镳,并提出了"生命驱力"。荣格认为,存在以集体观念为基础的集体无意识,这种集体无意识正是以"生命驱力"为前提。内驱力由此代替本能解释一些无法解释的动机。内驱力是在人与环境的相互交流中产生的,促使个体积极发展的具有暗示性和驱动效应的信号,它的存在来源于多重历史经验形成的无意识层面。与内驱力相对应的是诱因,诱因是外部的环境因素,与内驱力共同发挥作用。在定义上来讲,内驱力就是源于生理或者心理的需要所产生的促进机体进行某种活动以满足需要的内部动力,它会唤醒心理水平的紧张状态。当个体感受到需求,内驱力便会触发行为以促进需求得到满足。

人的内驱力往往被划分为两种:第一内驱力和第二内驱力。第一内驱力是由个体本身最基本的生理需求引起的,如饥饿,它是以生存为前提的,属于原始的、低级的内驱力;第二内驱力是由社会群体的交互作用产生的,如融入社会,它是以社会需要为前提的,属于社会的、高级的内驱力。第二内驱力可以调节第一内驱力,"不为五斗米折腰"便是第二内驱力在发挥作用。

生理状态的内部稳定影响着内驱力。不管是人还是动物，抛开智慧和物种，第一需求便是生存，为了在严酷的自然环境下生存下去而竭尽所能。机体内部便是一个精密复杂的循环系统，细胞必须保持水盐平衡，内外的渗透压也要保持平衡状态，机体体内的营养也要得到相应满足，整个机体内部运转正常的状态被称为内稳态。如果达不到内稳态，如缺乏食物而引起饥饿，机体便会产生觅食的内驱力，促使个体寻觅食物饱腹以恢复内稳态。这时候，外在的食物便形同引发机体一系列活动的诱因。就像老虎饿了，它会产生内驱力以寻觅猎物，它的活动就是在内驱力与诱因的共同作用下伺机猎杀并吃掉猎物保持体力。

内驱力与诱因之间存在密切的关系。内驱力本身是一种内部刺激，它是由各种内部需要所产生的一种动力。个体会产生多种需要，如果个体的需要得不到满足，那么内驱力就会促使机体进行一系列以满足需要为目的的反应，直到需要得到满足。举个例子，有时候我们会在睡梦中被渴醒，睡觉是个体的需要，它正在得到满足，但当前第一需要是保持个体不渴的状态，于是内驱力便促使个体醒来，水成为外部的诱因，在个体喝了几口水之后，内驱力降低了，这种需要得到了满足，个体便可以继续去满足睡觉的需要。内驱力的大小可以根据外部行为的强度来推测，而且内驱力也可以被外部行为所操控。诱因是外部环境中一切能满足个体需要的物体、活动或者是情境，它可能是个体倾向于得到的，也可能是个体回避得到的，某些情况下会引起个体心理上的趋避冲突。同样是饥饿，为了满足进食需要，有的人会去吃拉面，有的人则去吃蛋炒饭，这是因为诱因受到了后天经验的影响，喜欢吃蛋炒饭的人在饥饿的状态下第一时间想到的食物就是蛋炒饭；想在自己的圈子里获得更多的尊重，有的人靠的是身穿华服、脂粉扑面，有的人则靠自己的能力与才华。只有当个体把自己的需要与外部的某些东西或者情境建立联系时，这些外部环境的物体或情境才会成为诱因。

美国新行为主义心理学家克拉克·赫尔认为，内驱力并不是持久的，它会因为产生时间的长短而发生消耗，就此提出了内驱力降低说。

他认为机体的需要被满足时，个体的内驱力就会相应地减小，在内驱力减小的同时，正是外部活动加强学习的好时机。在赫尔的分类中，驱力被分为以内部刺激为主的原始驱力和需要后天学习的获得性驱力。驱力和习惯强度共同决定了有效行为潜能的大小，这便是一级学习系统。赫尔的学生威廉姆斯和佩林曾经做过这样的实验：他们训练两组小白鼠做过木质通道的学习，通过后用食物作为奖励，其中一组白鼠要禁食22个小时，另一组只需要禁食3个小时。赫尔假定食物的缺乏程度会对驱力的大小产生影响，且在练习跑过通道的过程中，所受到奖赏的次数越多便越容易形成习惯。实验结果也表明，禁食22小时的一组白鼠跑得更快，训练过程中得到食物奖励次数较多的一组也跑得更快。特定的刺激会引起某种特定的反应，习惯强度是刺激与反应联结的强度，刺激与反应之间被强化的次数越多，习惯强度也就越高。

赫尔的二级学习系统中加入了诱因成分。外部的诱因根据引起的反应的不同也可分为正诱因和负诱因，正诱因是指个体因为获得它而得到满足的因素，负诱因是指个体因为逃离它而得到满足的因素。在二级学习系统中，有效行为潜能是诱因、习惯强度和驱力的乘积。赫尔认为，强化量并非引起学习的直接因素，强化量的大小实际上作用于动机变量，从而调节外部活动。在日常生活中，我们非常容易被外界因素影响，且诸多因素都是不可控的诱因。

CHAPTER 10 吃货心理：吃货成长中的"糖衣"与"炸弹"

　　人的身心发展是量变与质变的结合，对于吃货来讲，同样如此。成长与发展是心理学界持久研究的课题，各个心理学流派对此都有自己的观点。无法忽视的童年经验，不能擦除的创伤体验……吃货作为最普通的人，也经历着我们所有人都曾经历过的成长阶段，各个成长阶段拥有不同的问题和任务，每个阶段更有自己的规律可循。出生之后最先接触的便是看护人，这时，个人的心理便已经开始萌芽，亲子关系开始影响人一生的发展。作为"社会人"，在跟随生物本能的同时，还要完成自己的社会角色，寻找自我价值。

人格的发展：自出生之时便在路上了

宝宝喜欢将所有的东西都放进嘴里，这并非因为他是个小吃货，这种行为是成长发展的必经阶段。在行为心理学上，将所有一切放进嘴里是动作的学习和行为的发生，是宝宝开始试着了解这个世界的行为活动。如果用人格发展理论来说，这便是口唇期。

弗洛伊德将人格发展划分为口唇期、肛门期、性器期、潜伏期、生殖期五个阶段。五个阶段具有一定的先后顺序。

第一阶段是口唇期，孩子在1岁以前，身体的其他部位尚未发育完全，所以活动主要是以口部运动为主，包括吮吸、吞吐、紧闭等口腔活动。原始欲力的满足，主要靠口腔部位的吸吮、咀嚼、吞咽等活动获得满足。婴儿以口唇的运动获得快感，如果这一时期他的应有活动受到了成人的限制，那么他很可能会在长大后产生相应的心理问题。对于成人而言，也存在一部分口腔型人格，包括喜欢酗酒、贪吃、咬唇等行为，在性格上往往会表现出悲观和过于依赖。

面对在口唇期的孩子，必须要合理地满足他们的欲望。孩子具有无穷无尽的探索欲望，凡是能够拿到的东西都会被他们放在嘴里，父母不免会感到紧张，但是，就孩子自身的发展而言，这种行为是有利的，这是他们可以探索这个世界的方式。孩子咀嚼东西也是在满足他们的口唇欲望，这时他们探索世界的方式已经改变，父母需要做的便是培养孩子良好的进食习惯，有效转移他们对奶瓶的需求使其不至于产生过度依赖的情况。

第二个阶段是肛门期,该阶段指的是孩子的1-3岁。在这个时期,孩子会接受排便训练,这是孩子第一次接触到外界的社会规范,这一时期发生的冲突是本我与社会规范的冲突。这一时期的快感主要来源于肛门区,大小便排泄时产生的刺激会使孩子产生快感,从而使得原始的欲望得到满足。进行排便训练的程度尤为关键:若排便训练太过严格,孩子便会形成对于自身行为习惯的过度控制,最终发展成为强迫性的人格,比如长大之后的洁癖、吝啬等性格,也或许会引起孩子的反抗,反而形成过度浪费的人格;倘若排便训练过于随便,还会让孩子形成凶残暴力的人格,严重者可能会导致犯罪。

孩子在这一时期的主要任务就是通过排便训练养成良好的自控能力,学会独立,发展出自信的人格特征。若这一时期产生心理冲突,很有可能会发展成《守财奴》的主人公葛朗台那样的肛门期停滞的人格。

第三阶段是性器期,这一阶段是孩子3岁到6岁的时候,也是人格发展的关键时期。这时候,快感的中心转向了生殖器官,孩子会通过触摸自己的性器官使原始欲望得到满足,还会将双亲中的异性作为自己性欲的假想对象,男孩对母亲产生的爱恋便是俄狄浦斯情结,女孩对父亲产生的爱恋便是恋父情结。这一阶段,孩子会仇视双亲中的同性一方,但同时又会害怕对方所拥有的权威,最终会压抑自己最原始的欲望,停止敌视和仇恨的行为,开始认同和接纳父母中同性一方的行为方式,并逐渐发展出与之相似的行为和态度。

这时候,孩子一定会有很多问题,但是他们的认知能力不足,所以对于他们提出的问题,一定要认真回答而且要简单易懂。

第四阶段是潜伏期,时间在孩子7岁以后到青春期。这时候,孩子的兴趣不再停留在自身以及父母身上,他们对周围的事物具有浓烈的探索兴趣。原始欲力在这一时期呈现潜伏的趋势,男女性别差异在人格中表现出来,男孩和女孩都会在行为上疏远异性,在他们看来这是应该的、必要的。这一时期,孩子的主要发展任务是完成在学校的一些学习任务,建立基本的伦理和道德规范。如果孩子在这个时期无法完成一些比较有压力和难度的工作,那么他们在成年之后或许会表现出情绪的偏颇,在异性交往上也会出现困难。

第五阶段是生殖期，该阶段从青春期一直持续到成年。这一时期，孩子的性器官开始发育成熟，成熟的生理特征带来了两性心理的变化，性别差异明显。这时，对于性的需求开始转变为对于同龄异性的关注，开始有组建家庭的意识，这意味着性心理的真正成熟。

弗洛伊德认为，人格发展的五个阶段是每个人的必然，但是在经过口唇期、肛门期、性器期、潜伏期、生殖期这五个阶段之后，达到性、心理的真正成熟状态，即完成生殖期最理想的状态，往往是很难办到的。因为人格在发展的过程中会遭遇固着和推行的心理危机。

按照弗洛伊德所打的比方，一个民族迁徙，或许无法实现全员到达目的地的结果，一些人会在中途死亡，一些人会在中途安家，这些中途安家的人便是固着。当一个人在某个人格发展阶段受到极大的挫折或者得到了极大的满足时，往往会导致他不愿意进入下一个发展阶段，或者说不能完全进入下一个阶段，他的心理的某些部分会停留在现有阶段，不断重复一种固有的心理模式。

在迁徙的过程中，有些前进的个体也会发生倒退的情况，这便是退行。在人格发展过程中遭遇严重的挫折会让人们面临焦虑，处于应激状态，这时很容易会放弃应该使用的应对方式，退回到上一阶段的应对方式，以此来降低自己的焦虑。老人便是一个典型的例子，老人由于生理退化，对于社会、生活的接受度大不如前，在遭遇了很多挫折之后，他们会很焦虑，从而退行回之前的人格发展阶段，表现为像孩子那样来缓解自己的恐惧。退行主要表现在形态、力比多、自我功能的退行。不愿意面对现实，不敢承担后果，这是形态退行；无法忍受个体的攻击性，所以表现稚嫩，避免独立，这是力比多退行；使用否认等非常原始的防御措施来避免冲突，减少童年期的痛苦，这是自我功能的退行。

逃避和自欺欺人有些时候能够达到防御效果，但这并非长久之计。人们在成长过程中，会遇到各种各样的挫折，合理地看待并度过它，才是我们应当做的。

糖豆的"安慰剂"效应

安慰剂是一种医学上不含任何药物成分的物质,经过大量的实践研究证明,它对于身心状态的信念可以获得某种精神力量,使得病人胃口大开,大脑内的化学物质都会发生奇妙的变化,从而达到缓解病情的效果。

在医疗领域,很多内科医生都会给自己的病人开安慰剂,如维生素、生理盐水、糖豆等。病人们并不知道自己吃的是安慰剂而并非真正的药物,却在心理安慰的基础上促使病情得到了缓解。

耶鲁大学心理学家兰格和研究生进行了一项实验,并将这一实验的研究成果发表在了《心理科学》杂志上。他们随机抽取了一家公司的内部员工,并将员工分为两组,告诉其中一组被试他们在工作中能够得到体能等各方面锻炼,另一组被试则不做任何通知。两周后,被告知工作促进锻炼的那组员工的体重和血压产生了明显的降低,而另一组则没有什么变化。在《健康心理学》期刊上发表的某项研究也表明,一个人的精神状态会影响到他的三餐胃口以及生长激素的释放口的水平,用餐后的饱腹感信号往往也与这种激素相关。当身体需要摄入能量时,激素释放口的水平会升高,对于能量的消耗则会降低。不过,生长激素释放口的调节并非取决于实际的能量消耗,而是被试被告知的自己摄入能量的多少。在实验中,主试告知其中一组被试所要摄入的食物含有的卡路里含量过量,另一组被试摄入的食物所含有的卡路里能量在合理范围,"过量"一组被试的生长激素的释放口降低的程度明显要高于"合理"一组的被试。研究人员声称,这份研究报告的结果也证明了为什么减肥不容易成功，因为减肥这一活动本身已经告诉了大脑，身体摄入的能量太少，这就引起了生长激素释放口的升高，从而产生了饥饿。

安慰剂用于治疗心理问题也具有很大的疗效。对帕金森综合征、抑郁症等心理疾病进行研究之后发现，糖豆、生理盐水等没有药性的物质却对上述疾病起着缓解、抑制的作用。科学研究表明，安慰剂能够有效地刺激大脑，使大脑产生更多的多巴胺，多巴胺对于治疗帕金森综合征具有很好的效果，是天然的神经传递素，也就是说，安慰剂能够有效地改善帕金森综合征的状况，其效果堪比真实的药物治疗。在进行治疗抑郁症等认知病症的药物实验时，一组服用对症的研发药物，一组则服用糖丸作为安慰剂，结果两组的效果差不多，人们很难判定药物是否有效，或许是安慰剂的效果太明显了。发表在《临床治疗学》上的一篇文章表明，在抑郁症患者使用安慰剂时，其中大约有三分之一或者一半左右的病人会真正产生反应效果，在其他科学研究中的比例更高。

除此之外，安慰剂效应对于女性的生育率改善也起到了很好的作用。研究人员表明，根据实验，大约有15%的女性在服用安慰剂的期间怀孕，大约22%的女性在服用药物的期间怀孕。就统计数据而言，服用安慰剂与服用药物的差别并不算大。

美国科学研究人员认为，安慰剂的服用应当在患者知情的情况下进行。就此，哈佛大学针对安慰剂进行研究的项目负责人在和同事的研究中证明，安慰剂效应的实现，也许并不需要欺骗和谎言。在研究中，他们随机抽取了80名肠易激综合征患者，并将这些人分为两组，其中一组接受安慰剂治疗，另一组则不接受任何药物或者安慰剂的治疗。主试还会告诉服用安慰剂的一组病人，他们给到的"制剂"不含有任何药物成分。病人被告知可以不相信这些"制剂"的作用，但是无论如何他们都要坚持服用三周。实验结果表明，服用安慰剂的一组病人的病情得到了明显的改善。研究人员认为，之所以在病人被告知安慰剂里面并不含有药物成分之后，安慰剂依然起到了作用，这是期望所达到的效果，代表病人适应了这样积极的治疗方式。

那么到底是安慰剂本身对于病情有所缓解，还是它令患者自以为病情得到了缓解呢？哈佛大学医学院安慰剂项目主任卡普特查克和他的团队进行了新的研究，他们对哮喘患者采取了四种治疗方式：一种是不给予任何治疗；一种给到患者沙丁胺醇；一种给到患者假的针剂，还有一种给到患者安慰剂。这四种治疗方式轮番进行，每当病人哮喘发作时，结合给到的治疗，测量他们的肺部功能。最终研究结果表明，沙丁胺醇能够改善肺部功能，安慰剂和药物最终都能让患者感到缓解。所以，卡普特查克认为，安慰剂并不能改善病人的生物学的功能，但是却可以改变病人的反应方式。

个体差异、人格特质、患者的乐观度是否够高、他的敏感性如何等也会影响安慰剂效应的发挥。医生和患者之间的关系也会影响安慰剂的作用，一般而言，拥有良好的医患关系，患者更容易听从医生的指导，服用安慰剂也能达到更加明显的效果。暗示性也很重要，人们或多或少都会受到暗示的影响，医生在治疗患者时给予他足够的暗示，他便会更加相信自己所接受的治疗。

安慰剂效应在各种身体疾病或者心理疾病的治疗中都发挥着作用，对于减肥人士来说，它或许也是一个很好的选择。

生理需求快感的丧失——失眠

老年人睡觉浅，有些老年人普遍面临失眠。睡眠是人生大事之一，它和吃占据着同样重要的地位。心理学研究发现，睡眠不足会严重影响人们的同情心、情绪的反应以及有关情绪记忆的生成。

睡眠和性、吃饭、喝水一样也是最基本的生理需求之一，不仅如此，它同其他基本的生理需求一样也能够给人带来无与伦比的快乐。精神专家指出人都是喜欢睡觉的，我们之所以要睡觉，是因为白天面临各种各样的刺激，我们需要调动全身去应对，保持一切的平衡状态，但是这一系列的活动也导致了大脑内部边缘系统部分的多巴胺物质含量下降。多巴胺作为大脑内部基本的神经递质，其最突出的作用就是引起愉悦和兴奋。在清醒的白天，由于各项工作需要，我们耗费了大量的能量，多巴胺含量也随之减少，由此便会产生疲惫，这时，我们便会觉得醒着并不快乐，不过这不算太严重的情绪反应。但是当繁杂的事务在持续耗竭我们的多巴胺时，我们便会产生非常强烈的不快乐情绪，这时我们渴望睡眠，希望通过睡眠让我们大脑边缘系统的多巴胺重新聚集。在我们熟睡之后，多巴胺的含量开始增加，而当大脑意识到睡眠不能够产生更多的多巴胺时，便会叫醒身体，开始精力充沛的一天。这其实是多巴胺的奖励，醒着不够快乐，那便睡着去寻求快乐。

虽然睡眠活动对每个人来说都是必要的，但是我们似乎并不能随心所欲地控制它，很多时候，我们不知道自己为什么会睡不着，并且深陷在越是渴望睡着，越是无法入眠的恶性循环之中。

认知失调会导致负面情绪，从而降低睡眠质量。人们在睡不着的情况下会感知到一些和睡眠相关的信息产生了焦虑等负面的情绪，而这些情绪反过来影响了睡眠。在研究中，实验人员建议那些有睡眠障碍的人能够接受认知疗法来提高睡眠质量，但是结果不如人意，这些有睡眠障碍的人对于与睡眠相关的信息似乎更加敏感，这使得他们在睡前愈发精神。我们有时候会出现一整天昏昏欲睡，到了睡觉前反而相对清醒的情况，心理学上称之为睡前醒觉，高的睡前醒觉会引发失眠。在心理学实验中，存在n-back的实验范式，在通过2-back实验范式对睡前醒觉与睡眠的研究中，得出睡前醒觉越高的人，对于睡眠相关的信息也会更加敏感。这个实验虽然并没有证明睡前醒觉和对睡眠信息敏感度之间的因果关系，但也给出了失眠之时不能去想和睡眠相关的信息的结论。

现如今，很多人将失眠归因于电子产品，电子屏幕的蓝光会影响褪黑素的分泌，从而影响睡眠。心理学家据此进行了一次实验：选取14名被试，让被试统一暴露在明亮的光照之下6.5小时之久，然后阅读电子书两个小时，检测他们的褪黑素含量和他们睡眠的质量。一周之后，重复实验。实验结果表明，充足的光照能够消除长时间接触电子产品带给褪黑素的影响。换句话说，只要我们来到有光照的户外或者享受了光照，那我们在睡前便不会受到褪黑素下降的影响而失眠。

伴侣的睡眠状况也会影响你。根据研究显示，女性伴侣的入睡时间的长短直接影响男性伴侣入睡时间的长短。研究表明，引发两性睡前醒觉的条件有所区别。对于女性来说，睡前醒觉的主要引发条件是负面情绪，对于男性来说则是他们在睡眠上是内控还是外控——内控者更容易产生睡前醒觉，外控者则更容易被睡眠的环境因素所影响。因此，失眠的影响存在"重女轻男"的倾向。

自我价值：源自婴儿对父母的依赖

价值一向是千百年来最具讨论性的话题，在心理学领域也毫不例外。存在主义心理学家一直认为人是被抛进这个世界的，但这并不是无情的，我们会被父母呵护，被师长教化，和同伴友好。这一系列的社会关系给予了我们探索自身的"后盾"，逐渐成长为"自我"。

"父母是孩子的第一任老师"，孩子自出生之后便依靠父母来了解这个未知的世界。英国精神分析学家唐纳德·温尼科特曾经说过"孩子生来并非独立存在的个体"，作为精神分析学派的自体心理学的创始人，科胡特认为"孩子所需要的是母亲眼中的世界"。

心理学家们认为，人们能够感知到自己的方式实际上是通过和他人的互动体验，也就是说，人是无法离开他人离群索居的，哪怕是独居者，他在成长的过程中也已经积累了很多和他人之间的相处体验。对于婴儿来说，他的看护者和自己的互动是非常重要的。当婴儿感觉饥饿时，看护者会第一时间将奶瓶放到他的嘴里；当婴儿感觉不舒服的时候，看护者会及时检查婴儿的身体状况；当婴儿大小便时，看护者会及时帮助他换尿布……婴儿在看护者的一系列动作中再次恢复到最舒适的状态。对于婴儿来说，他在这样的动作重复中获得了掌控感。如果看护者不够敏感，使得婴儿一直处在不够舒适的状态时，婴儿便会表现出不愉快，演变成哭泣，然后失落，从而无法建立好的依恋关系，无法将坏的客体剥离，长大后就会出现一些心理问题。

婴儿出生之后，会长时间和自己的父母待在一起，在与父母良好的互动中，他获得了身体上和心理上的双重照顾，最终获得人格上的独立。想要给予孩子最合适的教养方式往往并不容易，这样的探索机会并不会过多地出现在父母面前，每个孩子都有自己的人格特质，他们在成长过程中所需要的照顾和经历也并不相同。父母的世界并非只有孩子，随着生活压力的增大，"忙碌"逐渐代替了"陪伴"，孩子和父母不得不相互摸索着相处，这就导致了双方之间的互动越来越少，而由此引发的心理问题却越来越多。

在心理咨询中，存在很多价值感丧失的咨询者，他们大都情感匮乏，而这一切的背后便是对父母的渴望。有问题的亲子关系导致了一系列的心理问题，有些父母对自己的孩子要求过高，有些父母对孩子总是批评教育。孩子其实渴望父母的认定，父母应当在指正孩子过错的同时，不要吝惜自己的赞扬，这有利于孩子养成较高的自尊心和自信心，孩子也会进行自我肯定，进而形成自身的价值认同。父母对孩子的忽视更容易使后者产生心理问题，这些孩子没有养成较为健康的亲子关系，他们的内心情感往往是空洞单一的，因为得不到更多的呵护，他们甚至不知道自己究竟想要什么，久而久之，便会变得非常冷漠。

父母与孩子之间的适应和配合在养成孩子自我价值之中具有不可替代的作用，我们需要深入了解自己，挖掘更多的自我价值。

你的亲子关系有"内疚"存在吗？

父母总是毫不吝惜地给予孩子关爱，这样的爱很浓烈，却也很沉重。作为儿女，不得不带着内疚感去接受这样的爱。内疚，在任何人际关系中都可能存在，它甚至成了一些关系中最"牢固"的纽带，它看起来更像是生活当中的"情感绑架"。

内疚感具有一定的控制性，在人际关系中，运用内疚来控制对方往往很有效果，这也是父母与子女之间经常使用的手段。父母会用"我这么做都是为了你好"等言语要求子女对自己绝对服从，如果子女不服从，那他就要承受心理上的内疚，如果他服从了，他就必须将自己的自主和自愿都剥离出来。一旦孩子觉得自己亏欠了父母，便会以服从的方式来报答，对于父母的任何要求都不会提出反对意见。

用内疚联结起来的亲子关系实际上是很脆弱的，这甚至形同于施虐者与受虐者之间的关系。这样的关系极具破坏性，因为内疚而不得不服从的那一方一般会带着愤怒，这样的情绪日积月累，要么向内破坏，要么向外宣战，或者终止这样的关系。

父母的教养方式也与父母自身受过的教养有关，这可能会有一定程度上的重演。父母若是在小时候没有体验过安全的依恋关系，他们便会觉得分离等于抛弃，投射在自己的孩子身上，便会展现出不愿意接受分离的情绪，进而引发相应的行为。在他们成长的过程中，他们或许并不相信情感，只愿意靠自己的努力去获得安全的体验，或许是金钱，又或许是地位。在他们对待孩子的时候，他们便会将自己自以为最好的一切给孩子，不论孩子是否真的需要。对于被迫接受这一切的孩子来说，他并不会觉得那是爱，甚至会觉得父母只是在用物质来打发自己。其实父母深爱着自己的孩子，只是他们不清楚到底怎样才是最好的方式。如果父母将安全感建立在钱财上，当他们老去的时候，将会感受到更多的无奈和恐惧，这是一种无法支配的无力感，所以他们将自己最看重的钱给孩子，"祈求"孩子不要抛弃自己。与此同时，他们在童年期经历的那些疏离的情感经验被唤醒，他们处在子女与父母的角色矛盾中，"给予"，让他们既能体验到曾经作为子女的安全感，又能够体验到作为父母的优越感。当父母有这样的内在需要之时，他们就很难欢喜地祝福孩子独立，所以有些父母会在孩子成功的时候凸显自己的努力，当孩子不服从的时候，便会用其他的方式来弹压孩子，或是玩笑或是告诫。

从小便缺乏安全体验的父母，其内心也会缺乏对于安全关系的信任。他们无法相信自己可以被其他人爱，他们更愿意相信这些关系是用某些东西交换得来的。在和孩子相处时，他们并不介意将这样的相处模式延续下去，他们对孩子付出，同时也向孩子们索求爱作为交换，因为自己对孩子"有用"，所以自己值得被爱。这样的亲子关系显得并不真实，反而像是一场交易。因为内心无法相信爱是一种不需要交换的、无形的却又真实存在的东西，所以便会怀疑，对于对方的情感并不信任。这便使得看似亲近的关系却像隔了山海，彼此触摸不到，各自委屈。

当一个人缺乏内心的情感体验的时候，他也无法真正给其他人带来情感。当一个人懂得爱，内心有着极为丰富的情感体验时，他可以轻易给出最真挚的爱，传递出他的爱和能量。不同的是，若感情匮乏，那么便会遵循"越来越少"的规律，每当他给出一些，他便会更加匮乏，为了弥补自身对爱的需求，他便需要得到补偿，将情感从其他方面收回来，如控制对方的情感等方式。无论亲子关系还是恋爱关系都是如此。

其实，父母最好的爱，便是爱自己，要将孩子作为独立的人来对待，明确孩子并非自己的所属物。